WESTEND

GERD GANTEFÖR

DIE INTELLIGENZ DES UNIVERSUMS

Die immaterielle Komponente der Wirklichkeit

WESTEND

Mehr über unsere Autoren und Bücher:
www.westendverlag.de

Die Deutsche Nationalbibliothek verzeichnet diese Publikation in der Deutschen Nationalbibliografie; detaillierte bibliografische Daten sind im Internet über http://dnb.d-nb.de abrufbar.

1. Auflage 2026
ISBN 978-3-98791-346-4

Umschlaggestaltung: Buchgut Berlin, Covermotiv © @Artsiom P/AdobeStock
Satz: Publikations Atelier, Weiterstadt
Druck und Bindung: Friedrich Pustet GmbH & Co. KG,
Gutenbergstraße 8, 93051 Regensburg
Printed in Germany

Inhalt

1 Einleitung

Wir leben in einer materialistischen Welt. Der progressive Zeitgeist hat vielen Europäern jeden Glauben an ein göttliches Wesen ausgetrieben. Parallel wird der Religion des Abendlandes, dem Christentum, ein immer größeres Misstrauen entgegengebracht. Auch in den USA, dem bisher wirtschaftlich und militärisch führenden Land des Westens, wächst die Skepsis gegenüber der Religion. Den Zwiespalt zwischen Glauben und Materialismus gibt es seit dem Zeitalter der Aufklärung. Heute scheint die Naturwissenschaft gewonnen zu haben. Sie wird von den meisten Bürgern sogar als Gegner der Religion wahrgenommen. Aber ein Teil der Naturwissenschaftlerinnen und Naturwissenschaftler steht dem christlichen Glauben nahe oder empfindet zumindest eine große Ehrfurcht und ein Staunen gegenüber der Schöpfung; nur wenige sind harte Atheisten, die im Kosmos nichts anderes als eine große geistlose Maschine sehen.

Den meisten Menschen sind die Feinheiten der Naturwissenschaft unverständlich. Sie sehen allenfalls die Oberfläche, die ihnen von Fernsehwissenschaftlern und Wissenschaftsjournalisten vermittelt wird. Doch Medienschaffende sind dem Zeitgeist verpflichtet und der ist in Europa streng materialistisch. Dadurch bekommt die breite Öffentlichkeit ein verfälschtes und oberflächliches Bild von der Naturwissenschaft. In diesem ähnelt das Universum einer Art Maschine aus einer gigantischen Zahl an winzigen Kügelchen, über Federn miteinander verbunden, die im

Urknall vor 13,8 Milliarden Jahren gestartet wurde. Seither rattert sie den Naturgesetzen folgend geistlos in die Zukunft. Irgendetwas, das auch nur ansatzweise an Intelligenz oder Bewusstsein erinnern könnte, gibt es in diesem Maschinenuniversum nicht, hat es nicht gegeben und wird es auch künftig nicht geben – darin existieren nichts als Teilchen, Naturkräfte, Naturgesetze und die Zeit. Zwar gibt es intelligentes Leben auf der Erde. Aber das tut die materialistische Weltsicht als extrem unwahrscheinlichen Zufall ab. Richard Dawkins hat diese oberflächliche Perspektive auf die moderne Naturwissenschaft in seinem Bestseller *Der Gotteswahn* verwendet, um den Glauben an eine höhere »immaterielle« Ebene der Wirklichkeit als Wahn zu deklarieren. Als Biologe sieht er aber nur die aus Lehrbüchern leicht zugängliche äußere Fassade der Physik. Zumindest lässt seine Argumentation auf diese Sichtweise schließen. Die Fassade suggeriert den Menschen, dass die Physik bereits alles erklären kann und sich die Forschung nur noch mit Details beschäftigt. Das ist aber nicht richtig.

Allerhand offene Fragen

Es gibt mindestens drei Beobachtungen, die für das materialistische Weltbild problematisch sind und seine Begrenztheit aufzeigen. Um eine Erweiterung dieser Grenzen geht es im vorliegenden Buch. Zunächst ist da die große Menge an ungelösten fundamentalen Fragen in der Physik. Das materialistische Weltbild steht vor vielen Rätseln und weist etliche Unstimmigkeiten auf. Hinter den scheinbar perfekten Formeln und Naturgesetzen muss es eine tiefere Physik geben, die sich erst offenbart, wenn man versucht, jenseits des bloßen Auswendiglernens der Formeln ein tieferes Verstehen zu erlangen. Eine oberflächliche Sichtweise begnügt sich damit, Experimente durchzuführen und die Ergebnisse mit dem Werkzeug der Mathematik zu beschreiben. Das ist aber nur deskriptiv. So wie bei einem Buch, von dem man den Titel, den Autor, das Erscheinungsdatum, das Gewicht und die Seitenzahl kennt, aber nicht den Inhalt, der sich hinter dem Einband verbirgt, und schon gar nicht die korrekte Interpretation der Handlung.

Die Physik kann viele der fundamentalen Warum-Fragen, mit denen sie sich beschäftigt, nicht beantworten: Warum kam es zum Urknall? Warum gibt es vier Naturkräfte und sechs Arten von Elementarteilchen? Warum ist die Gravitation so viel schwächer als die elektromagnetische Naturkraft? Warum haben die Naturkonstanten die Werte, die sie haben? Warum kann nichts schneller sein als das Licht? Warum beschleunigt sich die Expansion des Universums?

Die Existenz von Leben

Das zweite Phänomen, mit dem das materialistische Weltbild ein Problem hat, ist die Existenz von Leben. Dieses passt nämlich nicht in das Konzept eines Maschinenuniversums. Die mit dem Computer errechnete Wahrscheinlichkeit, dass in einem rein auf die etablierte Physik reduzierten Universum Leben entsteht, ist so gering, dass es in unserer Galaxie mit Hunderten von Milliarden Sonnen und sogar im ganzen Universum mit Hunderten von Milliarden Galaxien keines geben dürfte – also auch nicht auf der Erde. Das bedeutet aber umgekehrt, dass unsere Existenz – oder bereits die eines simplen Einzellers – als ein Indiz dafür gelten kann, dass die materialistische Sichtweise unvollständig ist.

Ein maßgeschneidertes Universum?

Das dritte Phänomen ist die »Maßschneiderung« oder »Feinjustierung« unseres Universums. Es scheint nämlich für die Existenz von Leben geradezu optimiert zu sein. Verändert man in einem theoretischen Universum, das wir im Computer simulieren, auch nur eine der vielen Naturkonstanten, ist das Resultat zumeist steril. Beispielhaft für die Maßschneiderung steht der Drei-Alpha-Prozess, der die Synthese von Kohlenstoff und allen anderen schweren Elementen ermöglicht, ohne die es kein Leben gibt. Dieser ist eigentlich sehr unwahrscheinlich, weshalb kaum Kohlenstoff in unserem Universum existieren sollte. Aber eine spezielle Besonderheit macht ihn möglich und sogar wahrscheinlich. Darauf kommen wir später ausführlicher zu sprechen.

Es gibt viele solche besonderen Eigenschaften in unserem Universum, ohne die Leben undenkbar ist. Nimmt man an, diese Feinjustierung sei reiner Zufall, entspricht das der Erwartung, dass ein Wurf mit 100 Würfeln einen Pasch ergibt, also alle Würfel die gleiche Zahl anzeigen. Ist das wahrscheinlich? Nein, denn in Anbetracht des Erwartungswertes und der Zeit, die jeder Wurf benötigt, würden Milliarden von Jahren nicht ausreichen, um zuverlässig ein solches Ergebnis zu erzielen. Zufall liefert also keine zufriedenstellende Erklärung für die Maßschneiderung. Was ist dann der Grund? Etwa der liebe Gott? Das ist eine menschliche Wunschvorstellung; die Sehnsucht nach einem höheren Wesen, das alles geschaffen hat und letztlich alles zum Guten wendet. Aber die Physik der letzten hundert Jahre hat uns gelehrt, dass allzu menschliche Vorstellungen in die falsche Richtung führen. Die wahre Natur der Wirklichkeit ist uns sehr fremd, so viel können jetzt schon sagen. Im vorliegenden Buch wollen wir bei der Physik bleiben und die Spiritualität weitestgehend vermeiden. Allerdings wird es dabei manchmal doch etwas unheimlich – denn unser Verstand kann der Physik irgendwann nicht mehr folgen.

Die Beschränkung unseres Geistes

Man kann nicht wissen, was man nicht kennt. Nehmen wir zum Beispiel die Elektrizität, die heute unseren Alltag so entscheidend prägt. Ohne sie wäre es in unseren Städten sehr viel dunkler, es gäbe keine Telefone und kein Internet. Aber vor ihrer Entdeckung hatten die Menschen nicht die leiseste Ahnung davon, dass es sie gibt und was für Möglichkeiten der elektrische Strom unserer Zivilisation bietet. Es bestand keine Chance, die Existenz von Elektrizität auch nur zu vermuten, abgesehen von einigen schwachen Hinweisen, dass da etwas ist, was wir nicht verstehen, beispielsweise Gewitterblitze oder zuckende Froschschenkel. Aber jeder Visionär, der aufgrund dieser Indizien die Existenz von elektrischem Licht oder gar von Telefonen, geschweige denn des Internets vorhergesagt hätte, wäre auf blankes Unverständnis gestoßen. Man sollte sich daher bewusst sein, dass erstens der eigene Geist beschränkt ist und er manche Dinge vielleicht gar nicht erfassen kann und dass zweitens über das Bekannte hinaus faszinierende neue Facetten der Wirklichkeit auf die Entdeckung durch den Menschen warten. Heute gibt es Indizien, die auf die Existenz einer Realität jenseits unseres Horizonts hinweisen; und um diese Indizien geht es im vorliegenden Buch.

Jenseits des Horizonts: die Ebene der Information

Was ist dann aber die Antwort auf die Frage nach der Maßschneiderung? Wir werden Indizien sehen, die die Existenz einer immateriellen Ebene der Wirklichkeit nahelegen. Um was es sich dabei genau handelt, können wir heute nicht sagen – und selbst wenn wir es wüssten, in dem Sinne, dass wir Worte oder Zahlen dafür hätten, würden wir es vielleicht dennoch nicht »verstehen«. Diese Ebene könnte so fremd sein, dass unser Geist außerstande wäre, sie zu erfassen – so wie ein Hund außerstande ist, ein Buch zu erfassen. Aber im Gegensatz zum Vierbeiner haben wir wenigstens Hinweise und Indizien, die uns auf die Spur des »rätselhaft Immateriellen« bringen. Dawkins' Argumentation basiert auf der Annahme, dass es solche Grenzen des Verstehens nicht gibt und dass nichts jenseits des eigenen Horizonts existiert. Das beweist zwei Dinge: den Hochmut des Menschen und die Begrenztheit seines Denkens; denn nur jemand mit einem begrenzten Denken kann annehmen, dass er alles weiß.

In diesem Buch geht es also um die Existenz einer höheren geistigen Ebene, die wir bisher noch nicht wahrgenommen haben oder – im Sinne des Zeitgeistes – nicht wahrnehmen wollen. Wir spüren dabei einer immateriellen Komponente der Wirklichkeit nach, die es dem materialistischen Weltbild zufolge nicht geben dürfte. Diese werden wir zunächst »Information« nennen. Im einfachsten Fall handelt es sich bei ihr etwa um das, was wir in einem Buch lesen können. Information, so wie wir sie kennen, braucht immer ein Medium, wie zum Beispiel Papier, ein Magnetband oder einen Siliziumchip. Sie bleibt beim Kopieren von einem Träger auf einen anderen stets die gleiche. In diesem Sinne ist Information immateriell, obwohl sie nach unserem bisherigen Verständnis ohne Medium nicht existieren kann.

Information ist Leben und Leben ist Information

In der unbelebten Natur sollte es eigentlich keine Information geben. Würde man eine Inschrift auf einem fremden Planeten finden, könnte man sich sicher sein, dass dort eine Intelligenz existiert oder zumindest existiert hat. Der gleiche Ansatz kommt bei der Suche nach Signalen von außerirdischen Wesen zur Anwendung: Man sucht in Radiosignalen aus dem Kosmos nach Mustern, die bei natürlichen Quellen nicht auftreten können. Letztere sind entweder zufällig, wie zum Beispiel ein statistisches Rauschen, oder streng periodisch, wie beispielsweise bei rotierenden Neutronensternen. In beiden Fällen können sie prinzipiell keine Information enthalten, und bisher hat man auch nur solche Signale entdeckt. Information ist also nach der herkömmlichen Vorstellung etwas, das streng dem Leben zugeordnet wird. Beides sollte es dem materialistischen Weltbild zufolge nicht geben. Wie bereits gesagt, tut der Materialismus die nicht zu leugnende

Existenz von Leben und Information als extrem unwahrscheinlichen, aber immerhin möglichen Zufall ab. Dabei sind sie eng verknüpft: Leben basiert auf Information und Information kann es nur in der belebten Natur geben. So jedenfalls die Lehrmeinung des Materialismus. Insofern sind belebte und unbelebte Natur in diesem Weltbild streng voneinander getrennt.

Eigentlich unmöglich: Information in der unbelebten Natur

Wenn also Information in der unbelebten Natur aufträte, dann würde dies die bisherige Grenze zur belebten Natur infrage stellen. Das leblose Maschinenuniversum hätte plötzlich eine Komponente, die nach gängiger Lehrmeinung nur Lebewesen zugesprochen werden kann – und wäre auf einmal nicht mehr geistlos. Tatsächlich gibt es Information in der unbelebten Natur. Sie spielt vielleicht sogar eine fundamentale Rolle.

Ein Beispiel ist das Verhalten von Elementarteilchen: Wenn die Umgebung absolut keine Information über den Zustand eines solchen Teilchens inklusive seiner genauen Position erhalten kann, wird es eigenartig unscharf und verschwommen. Das Teilchen ähnelt dann einer Welle und ist an vielen Orten gleichzeitig, was den Gesetzen der klassischen Physik zuwiderläuft. Dazu muss es aber *prinzipiell unmöglich* sein, seine Position zu kennen. Relevant ist dafür nicht, ob der menschliche Beobachter gerade hin- oder wegschaut, sondern ob die Umgebung, also der Rest des Universums, sie kennen *kann*. Gibt es keinen Informationsübertrag, gelten plötzlich neue Naturgesetze – die der Quantenwelt. Entscheidend ist dabei ein Informationsfluss von einem unbelebten Objekt, dem Teilchen, zur ebenfalls unbelebten Umgebung. Ein belebtes menschliches Bewusstsein muss nicht beteiligt sein. Das bedeutet aber, dass es Information in der unbelebten Natur gibt. Dazu später mehr.

In einem ähnlich unmöglichen Zustand befindet sich Schrödingers Katze. Dabei handelt es sich um ein berühmtes Gedankenexperiment, ersonnen von einem Pionier der Quantenphysik, Erwin Schrödinger. Eine imaginäre Katze wird in einen perfekt von der Umwelt isolierten Kasten gesteckt und mit einem geeigneten Mechanismus versehen, der ihr Gift verabreicht, sobald ein bestimmtes quantenmechanisches Ereignis eintritt. Da sich der Zustand auf der Quantenebene vor der Beobachtung nicht eindeutig bestimmen lässt – streng genommen haben wir es mit zwei überlagerten Zuständen zu tun –, ist die Katze gleichzeitig tot und lebendig. Öffnet man den Kasten und schaut man nach, wie es ihr geht, verschwindet die Paradoxie schlagartig. Der Informationsfluss an die äußere Umgebung verändert den Zustand der Katze, sodass er mit unserer Alltagswelt vereinbar ist: tot *oder* lebendig, aber nicht mehr tot *und* lebendig. In der Realität ist es fast unmöglich, ein makroskopisches Objekt wie eine Katze informationstechnisch komplett von der Umgebung zu isolieren. Beispielsweise müsste die Wärmestrahlung perfekt geblockt werden. Bei Quantenbits ist die informationstechnische Isolation dagegen relativ einfach zu bewerkstelligen. Daher können sie gleichzeitig Null *und* Eins sein; im Gegensatz zu den Transistoren in normalen Computerchips, die nur Null *oder* Eins sein können. Im Kontext von Quantencomputern bekommen diese Phänomene plötzlich eine wirtschaftliche Relevanz.

Es gibt noch weitere solche Beispiele. Alle haben gemeinsam, dass ein Informationsübertrag von dem Teilchen, der Katze oder dem Quantenbit an die Umgebung prinzipiell unmöglich ist. Die merkwürdigen Phänomene der Quantenwelt treten nur bei vollständiger informationstechnischer Entkopplung zwischen dem System und dem Rest des Universums in Erscheinung.

Das Informationsfeld

Aufgrund der experimentellen Ergebnisse und deren Interpretation in der Quantenphysik postuliert dieses Buch die Existenz eines »Informationsfeldes« analog zu den anderen in der Physik bekannten Feldern wie dem Magnetfeld, dem elektrischen Feld oder dem Gravitationsfeld, die sich über einen großen Raumbereich erstrecken und die Materie beeinflussen. Ein wie auch immer gearteter Kontakt mit dem Informationsfeld bewirkt für ein System, dass die uns geläufigen Naturgesetze Gültigkeit erlangen. Das kann ein Atom, ein Nanopartikel, ein Lebewesen oder ein ganzer Planet sein. Ist es nicht in Kontakt mit dem Informationsfeld, gelten andere, uns fremde Naturgesetze – nämlich die der Quantenphysik. Der Kontakt geschieht meist über die Wärmestrahlung, die das ganze uns bekannte Universum ausfüllt. Das Informationsfeld ist eine immaterielle Ebene der Wirklichkeit.

Information als Basis allen Seins?

Die Bedeutung von Information in der Quantenwelt ist schon lange bekannt und hat zu unzähligen Diskussionen geführt. Einer verbreiteten, aber fehlerhaften Ansicht zufolge macht das Wissen eines Experimentators über das Quantensystem den Unterschied. Doch das entspricht nicht dem experimentellen Befund. Entscheidend ist ein Informationsfluss vom Quantensystem an die Umgebung. Beides sind unbelebte Systeme. Aber wie kann ein Informationsfluss einen solch dramatischen messbaren Unterschied machen? Dazu gibt es ein breites Spektrum an Meinungen. Manche Forscher sind sogar der Auffassung, dass Information die Grundlage allen Seins ist. Ihre Parole lautet: »It from Bit«, wobei »It« für die normale Materie steht und »Bit« für die Information.

Es war sogar schon den Vordenkern der Quantenphysik bewusst, dass Information auch in der unbelebten Natur eine möglicherweise fundamentale Rolle spielt. Eigentlich stellt diese Beobachtung bereits die strikte Trennung in belebte und unbelebte Natur infrage – doch die möglichen Konsequenzen wurden nicht weiter verfolgt, da sie dem materialistischen Zeitgeist widersprechen. Man sah das Verhalten der Quantenobjekte als exotische Besonderheit dieses Gebiets der Physik an, das sich wie alle anderen Beobachtungen mit mathematischen Formeln erfassen lässt. Damit verloren sie ihre Zauber und kaum jemand – von wenigen Ausnahmen vielleicht abgesehen – hat seitdem über die logischen Konsequenzen nachgedacht. Das materialistische Weltbild besteht trotz dieser Unstimmigkeiten im Bereich der Quantenphysik weiter.

Inzwischen gibt es in verschiedenen Bereichen der modernen Forschung neue Erkenntnisse, die die Bedeutung der Information in der unbelebten Natur beträchtlich aufwerten. Vielleicht handelt es sich bei ihr um eine ebenso immaterielle wie ursprüngliche Komponente des Gewebes der Wirklichkeit. Was sie tatsächlich ist, entzieht sich nach wie vor unserem Verständnis. Möglicherweise hängt sie mit der Entstehung von Leben und der seltsamen Maßschneiderung des Universums zusammen. Ein spiritueller Mensch könnte angesichts dessen zu dem Schluss kommen, dass das Universum von einer Art heiligem Geist erfüllt sei. Aber das ist Spekulation. Bleiben wir lieber bei der Physik und den neuen experimentellen Ergebnissen.

Die drei Postulate

In den folgenden Kapiteln wird auf der Basis neuerer Forschungsergebnisse der Physik die These entwickelt, dass das Universum seit seinem Anbeginn neben Materie und Energie von einer immateriellen Komponente erfüllt war und bis heute ist. Wir nennen sie »Information«, obwohl der Verdacht besteht, dass sich dahinter mehr verbirgt. Die Existenz einer universellen Informationsebene folgt aus drei Postulaten, deren Grundlagen wir im Verlauf des Buchs erarbeiten:

1. Postulat. Das Universum ist voller Leben.
2. Postulat: Es gibt ein verallgemeinertes Evolutionsgesetz.
3. Postulat: Es gibt einen Erhaltungssatz der Information.

Diese drei Aussagen lassen sich bisher nicht unmittelbar naturwissenschaftlich beweisen, aber uns liegen starke Indizien dafür vor, dass sie sich letztlich als richtig erweisen werden. Die Basis der hier dargelegten Argumentation sind neueste wissenschaftliche Untersuchungen und Erkenntnisse, die über die Lehrbuchphysik hinausgehen. Dazu gehören zum Beispiel die Experimente zur Quantenteleportation, für die Anton Zeilinger und andere 2022 den Physiknobelpreis erhielten. Eine weitere wichtige Entdeckung ist der Hinweis auf die Existenz außerirdischen Lebens auf einem rund 100 Lichtjahre entfernten Exoplaneten. Schließlich ruht das hier dargelegte erweiterte Weltbild auf dem Erhaltungssatz der Quanteninformation, den wir im Folgenden auf alle Information verallgemeinern.

Die Intelligenz des Universums

Aus dieser Analyse ergibt sich die folgende faszinierende Vorstellung: Zu Beginn war das Universum gleichmäßig mit Materie und Information angefüllt. Im Laufe der Jahrmillionen hat sich die Materie unter der Wirkung der Schwerkraft zu Galaxien, Sternen und Planeten zusammengeballt. Auch die Information hat sich, angetrieben durch das verallgemeinerte Evolutionsgesetz, in immer komplexeren Strukturen konzentriert, bis schließlich Leben entstand. Dieser Prozess ist analog zur Entstehung der Himmelskörper überall ähnlich abgelaufen, weshalb es unplausibel scheint, dass wir Menschen allein im Universum sind.

Bewusstsein wie unseres repräsentiert die höchste bekannte Konzentration von Information oder, wenn man so will, des universellen Geistes. Das folgt aus dem Postulat der Existenz eines verallgemeinerten Evolutionsgesetzes und der verallgemeinerten Informationserhaltung.

In einem weiteren Schritt ergibt sich ein neuer Ansatz, die Maßschneiderung unseres Universums zu erklären. Wenn ein verallgemeinertes Evolutionsprinzip gilt, das eng mit der allumfassenden Information verknüpft ist – wäre dann nicht denkbar, dass es in den allerersten Phasen seiner Entstehung einen Evolutionsprozess hin zu einem informationstechnisch optimierten Universum gegeben haben könnte? Denn die Maßschneiderung ist nicht nur günstig für die Entwicklung von Leben, sondern auch für die Information. Evolution bedeutet Veränderung. Hat das Universum mit seinen Naturgesetzen, Naturkräften und Naturkonstanten einen Evolutionsprozess durchlaufen? Nach dem Standardmodell der Kosmologie waren die wichtigsten Kenngrößen des Universums bereits wenige Minuten nach dem Urknall so, wie wir sie heute beobachten können. Soweit wir wissen, sind Naturkonstanten über Milliarden von Jahren und über gigantische Distanzen hinweg konstant. Doch im ersten Moment nach dem Urknall gab es nach dem Standardmodell ganz gewaltige Veränderungen – von nur einer »Urkraft« hin zu den vier bekannten Naturkräften: der Starken, der Schwachen und der elektromagnetischen Wechselwirkung sowie der Gravitation. Wie ging dieser Prozess vor sich und was legte dabei fest, wie stark jede der Kräfte letztlich werden sollte?

Was das universelle Informationsfeld wirklich ist, können wir heute nicht sagen; nur, dass es vermutlich existiert. Manche sehen in diesen Überlegungen eine Bestätigung des Satzes aus der Bibel: »Am Anfang war das Wort«. Es mag ein Zufall sein, aber die Übereinstimmung ist verblüffend. Dieses Buch sieht sich als

Versuch, die Religion mit der Naturwissenschaft zu versöhnen. Das Universum ist nicht geistlos – und vielleicht gibt es sogar in einem gewissen Sinn so etwas wie eine »Intelligenz des Universums«.

Zum Abschluss der Einleitung noch ein Wort zur Struktur dieses Buches: Viele der Schlüsselkonzepte, die im Folgenden behandelt werden, hängen auf eine enge, aber nicht zwangsläufig intuitive Weise miteinander zusammen. Sie kommen im Verlauf der Erklärungen immer wieder vor, werden verfeinert, in ein neues Licht gerückt und vor- oder zurückbezogen. Das kann verwirren und manchmal auch frustrieren, insbesondere wenn die Lektüre nicht an einem Stück erfolgt. Daher hängt dem Buch ein Appendix mit Titel »Hintergrundwissen« an, der wichtige Ideen nochmals fein säuberlich auflistet, in aller Breite erklärt und für einige Schlüsselbegriffe auch Zusatzinformationen enthält, die es nicht in den Haupttext geschafft haben. Über die Kapitel sind Hinweise platziert, wann es sich lohnen könnte, einen Blick in den Appendix zu werfen. Hoffentlich gelingt es damit, auch verlorene Leserinnen und Leser wieder auf den rechten Pfad zu führen, ebenso wie den Wissensdurst der besonders neugierigen Geister zu stillen.

2 Das Wesen der Zeit

Bevor wir uns den drei Postulaten zuwenden, aus denen sich die Existenz eines allumfassenden Informationsfeldes ergibt, beschäftigen wir uns mit der Zeit. Ohne sie gibt es keine Evolution, und viele evolutionäre Prozesse werden erst über lange Zeiträume hinweg sichtbar. Auf kurzen Skalen wie dem Leben eines Menschen erscheint Zeit als gleichbedeutend mit Altern und Verfall. Das deckt sich mit dem Befund der klassischen Physik, der zufolge sich ein System von selbst nur in Richtung geringerer Ordnung entwickeln kann. Geringere Ordnung heißt für eine Maschine, dass sie defekt wird, für ein Lebewesen, dass es verfällt und stirbt. Auf langen Zeitskalen regiert aber die Evolution und die führt in die entgegengesetzte Richtung, zu höheren Entwicklungsstufen, höherer Komplexität und Ordnung. Auch in der unbelebten Natur existieren solche Evolutionsprozesse, wie wir noch sehen werden. Dort spielt ebenfalls die Zeit eine entscheidende Rolle. Aber was ist Zeit?

Ist die Zeit real?

Eigentlich sind wir Zeitreisende. Unser Leben trägt uns durch die Jahre, ob wir wollen oder nicht. Ein Zeitpunkt folgt auf den nächsten, wie in einem Film, in dem ein Standbild auf das andere folgt. Daran, dass sich etwas verändert, merken wir, dass die Zeit vergeht. In der Steinzeit hatten wir keine Uhren und keine Kalender und konnten nicht messen, wie sie voranschreitet. Die

Menschen bemerkten ihren Ablauf nur an den Jahreszeiten und am Älterwerden. Mit der Sesshaftigkeit und der Entwicklung von Hochkulturen wurde es notwendig, die Zeit genau zu messen. Ohne Uhren ist eine moderne Gesellschaft undenkbar. Aber bis heute wissen wir nicht, um was es sich bei der Zeit wirklich handelt. Ihr Gegenteil ist die Ewigkeit. In der Ewigkeit vergeht die Zeit nicht. Ist etwas in unserem Universum oder unser Universum selbst ewig?

Wir Menschen bemerken den Lauf der Zeit nicht zuletzt an unseren Körpern. Die Alterung ist ein fast unmerklicher, doch unaufhaltsamer Prozess. Aber gleicht er einer Abnutzung so wie bei alten Autos? Dagegen spricht, dass es in uns Zellen gibt, die nicht altern: die Keimzellen. Denn sonst würden Babys schon »alt« – im Sinne einer biologischen Vergangenheit – geboren werden. Tatsächlich ist jeder von uns das vorläufig letzte Glied in einer fast unendlichen Reihe von Vorfahren bis zurück zum ersten Lebewesen, denn Leben kann nur aus Leben heraus entstehen. Diese Kette als Ganzes altert nicht, nur ihre einzelnen Glieder; im Gegenteil hat sie sich im Laufe der biologischen Evolution zu immer höherer Komplexität entwickelt. Das Altern des Körpers ist also keineswegs bloß dem Vergehen der Zeit geschuldet – in jedem von uns steckt ein Funken der Ewigkeit.

Der Alterungsprozess ist genetisch programmiert. Jede Zelle in unserem Körper weiß, wie alt wir sind. Wo genau sich diese genetische Uhr befindet, wird gerade noch erforscht. Ein möglicher Ansatz sind die Telomere, die Enden der Chromosomen. Mit jeder Zellteilung verkürzen sie sich ein klein wenig; sind sie ganz aufgebraucht, kann sich die Zelle nicht mehr teilen und stirbt. Man geht nun davon aus, dass, wenn es gelänge, die Telomere wieder auf die volle Länge zu erweitern, der Alterungsprozess zum Erliegen käme – einem fast beliebig langen Leben stünde dann nichts mehr im Wege. Tatsächlich gibt es ein Enzym, dass genau das bewerkstelligen kann, die Telomerase, das aber leider krebserregend ist. Krebszellen sind praktisch unsterblich und teilen sich sehr aggressiv. Deshalb bilden sie oft tödliche Geschwulste. Ein Eingriff in den natürlichen Alterungsprozess kann also drastische Nebenwirkungen haben.

Bisher ist es nicht gelungen, diesen aufzuhalten oder die genetisch programmierte Lebenserwartung zu erhöhen, denn es gibt keinen einzelnen Erbfaktor in unserem Körper, der das Alter eines individuellen Menschen festlegt. An dieser Kodierung sind mindestens zehn Gene beteiligt und jede Veränderung auch nur eines von ihnen hat Nebenwirkungen. Würde man durch solche Manipulationen die Lebenserwartung auf 200 oder mehr Jahre erhöhen, hätte man also vielleicht drei Beine oder keinen Magen. Aber angenommen, die Wissenschaft könnte diese biologische Uhr vollkommen und mit all ihren Interaktionen verstehen, wären wir vermutlich in der Lage, länger oder möglicherweise sogar »ewig« – auf irdischen Skalen – zu leben.

Die Zeit selbst ist also nicht gleichbedeutend mit dem Altern des Körpers. Bei Letzterem handelt es sich aus Sicht der Evolution um einen notwendigen Prozess, denn ohne Verfall und Tod kann es keine Anpassung geben. Krebs- und Keimzellen sind unsterblich, genauso wie die Einzeller, die sich durch Zellteilung vermehren. Die physikalische Zeit ist also etwas grundsätzlich anderes als das Altern eines Lebewesens.

Doch wie verhält sich dazu das Altern einer Maschine, etwa eines Autos? Teile wie die Reifen oder der Motor nutzen sich ab, und schließlich muss das Fahrzeug verschrottet werden. Ist dieser Alterungsprozess eine Folge der physikalischen Zeit? Ja, tatsächlich entspricht er genau dem, was die klassische Physik unter dem Begriff »Alterung« versteht. Jedes sich selbst überlassene System strebt zu einem Zustand geringerer Ordnung; wie bei einem Puzzlespiel, bei dem man die Teile wild mischt und auf dem Tisch ausschüttet. Dann liegen sie in einem Zustand geringer Ordnung durcheinander. Diesen nehmen sie von selbst ein, wenn sie ausgeschüttet werden. Ab da bedarf es eines großen Aufwands, um die Puzzleteile zu ordnen und richtig zusammenzusetzten. Dazu sind Energie und Information notwendig. Ein physikalisches Maß für den Grad der Ordnung ist die Entropie: Sie sinkt auf ein Minimum, wenn alle Puzzlesteine am richtigen Platz liegen. Wir werden im Laufe des Buches immer wieder auf dieses Konzept zurückkommen und es dabei Stück für Stück verfeinern.

Energie, Information und Entropie sind drei immaterielle, aber fundamentale Größen, die zusammen mit der Zeit das Schicksal des Universums und des Lebens bestimmen. Daher ist es notwendig, sich näher mit ihnen zu beschäftigen. Einem Naturgesetz zufolge kann die Entropie in einem sich selbst überlassenen System nur ansteigen oder gleichbleiben, aber niemals aus sich heraus absinken. Die Teile eines Puzzles werden sich nicht von allein ordnen. Dieses Gesetz vom ewigen Anstieg der Entropie, also dem Absinken der Ordnung, gibt der Zeit eine Richtung. Damit ist es der Gegenspieler der Evolution, denn die Evolution gibt der Zeit auch eine Richtung, aber hin zu einem Anstieg der Ordnung. Das scheint dem Entropiesatz zu widersprechen – wäre da nicht die Energie. Denn mit ihr kann Ordnung erkauft werden. Energieverbrauch erlaubt einem System, sich zu höherer Komplexität zu entwickeln und folglich Evolutionsprozesse zu durchlaufen. Die Evolution schafft mithilfe der Energie entgegen dem stetigen Anwachsen der Entropie Ordnung. Deshalb sind übrigens Lebewesen immer auf Energieverbrauch in Form von Stoffwechsel angewiesen. Nehmen wir keine Nahrung zu uns, verfallen wir und erreichen schließlich einen Zustand niedriger Entropie: den Tod.

Eine von Menschen geschaffene Maschine stellt ein System enorm hoher Ordnung dar. Jedes Teil muss an der richtigen

Stelle sitzen und die richtige Form haben, sonst funktioniert der ganze Apparat nicht. Für den Bau der Maschine ist Energie nötig, denn nur mit ihr kann Ordnung erkauft werden. Zusätzlich wird Information benötigt, also ein Plan des fertigen Produkts und der Schritte, die dafür zu unternehmen sind, sowie eine Intelligenz, die alles fertigt. Ist die Maschine zusammengebaut, setzt unmittelbar der Prozess der Alterung ein. Metallteile korrodieren, Gummi wird brüchig und die Reibung trägt Material ab. Nach einer gewissen Zeit bleibt nur ein Haufen Schrott übrig. Dieser Prozess ist eine Folge des ewigen Anstiegs der Entropie. Nach der klassischen Physik strebt alles dem Zustand größter Unordnung zu. Das gilt eigentlich für das ganze Universum, aber wir werden sehen, dass diese Aussage in ihrer allgemeinen Form nicht richtig ist.

Warum nutzen sich Lebewesen nicht so ab wie Maschinen? Wie bereits erwähnt, gibt es Zellen, die unsterblich sind. Der große Unterschied zwischen der lebenden und der toten Materie liegt jedoch im Energieverbrauch, also dem Stoffwechsel. Nur dadurch lässt sich die enorme Ordnung, die für Leben unerlässlich ist, herstellen und aufrechterhalten. Aber Energie allein reicht nicht aus. Zusätzlich bedarf es noch Information, die bei Lebewesen auf der Erbsubstanz gespeichert ist. Das sind die enorm langen Kettenmoleküle der DNA (siehe Appendix), die sich platzsparend aufgewickelt in den Chromosomen befinden. Auf den ersten Blick scheint es also, als wären lebende und tote Materie grundsätzlich verschiedene Kategorien. Aber wie kann dann auf der Erde Leben aus toter Materie entstanden sein? Im Verlauf des Buches wird sich zeigen, dass diese Trennung aufgegeben werden muss. Denn es gibt Evolution im Bereich der toten Materie und Information in der unbelebten Natur.

Grundlegend für all diese Prozesse ist die Zeit. Wir haben jetzt eine ihrer grundlegenden Eigenschaften kennengelernt: In der klassischen Physik nimmt die Entropie ständig zu. Das ist eine mögliche Definition für die Richtung der Zeit. Maschinen altern und degradieren; die Evolution strebt dagegen zu höherer Komplexität. Auch sie gibt der Zeit eine Richtung. Hier gilt das Naturgesetz vom ewigen Anstieg der Entropie nicht, weil Ordnung mit Energie erkauft werden kann. In beiden Fällen sind die Auswirkungen der Zeit sehr real.

Die Theorie vom Blockuniversum

Einer Theorie zufolge ist die Zeit nur ein Produkt unseres Denkens. Demnach existieren Vergangenheit, Gegenwart und Zukunft gleichzeitig, während unser Bewusstsein wie ein Autoreifen auf einer Straße durch die vierdimensionale starre Wirklichkeit rollt. Der kurze Augenblick, den wir als Jetzt wahrnehmen, ist letztlich nichts als eine Fiktion. In der Metapher entspricht er der Berührungsfläche des Reifens mit der Straße. Das ist die Theorie des Blockuniversums. Die zurückgelegte Strecke der Vergangenheit, die Gegenwart, die wir gerade beschreiten, und die noch vor uns liegende Strecke der Zukunft sind darin ein Monolith, an dem sich nichts ändert, weil es keine Zeit gibt. Sie entsteht nur durch unsere Wahrnehmung. Diese Theorie zieht interessante Konsequenzen nach sich, denn dann wären zum Beispiel Zeitreisen in die Vergangenheit möglich. Ihr Nachteil ist, dass es keine Willensfreiheit mehr gäbe, weil die Zukunft bereits festliegt.

Eine Argument für das Blockuniversum basiert auf der Relativität der Zeit. Um hier wirklich ins Detail zu gehen, fehlt der Platz, daher müssen wir uns mit einer verkürzten Darstellung begnügen. Nach Einstein ist die Gleichzeitigkeit von zwei räumlich getrennten Ereignissen relativ. Was in einem Ruhesystem noch gleichzeitig erscheint, kann in einem Bezugssystem – etwa einer extrem schnellen Rakete – zu unterschiedlichen Zeitpunkten stattfinden. Abhängig von der Geschwindigkeit, mit der sich ein hypothetischer Beobachter bewegt, können zwei räumlich getrennte Ereignisse also gleichzeitig oder zu unterschiedlichen Zeiten geschehen. Im zweiten Fall ist es zudem möglich, dass sie über Ursache und Wirkung gekoppelt sind; zum Beispiel ein Lichtschalter, der eine Lampe betätigt. Dem Argument zufolge ließe sich nun ein bewegtes Bezugssystem denken, in dem die Wirkung zeitlich vor der Ursache liegt. Das wäre aber eine Verletzung der Kausalität und nur dann denkbar, wenn die Zeit eine Täuschung ist und wir in einem Blockuniversum leben.

Doch die Argumentation greift zu kurz und enthält einen Denkfehler. Zwei räumlich getrennte Ereignisse, die kausal gekoppelt sind, können auch im Ruhesystem nicht gleichzeitig geschehen, da sich die Wirkung der Ursache maximal mit Lichtgeschwindigkeit ausbreitet. Dadurch vergeht eine kleine Zeitspanne, bis das Licht der etwas entfernten Lampe angeht, was wiederum sicherstellt, dass es keine noch so schnelle Rakete geben kann, von der aus gesehen sich die Reihenfolge von Ursache und Wirkung umkehrt. Das Licht geht immer erst an, nachdem der Lichtschalter betätigt wurde. Im vorliegenden Buch gehen wir davon aus, dass die Zeit real ist und ganz konkrete Auswirkungen auf die Materie hat.

Zeit und Energie

Eine faszinierende Eigenschaft der Zeit ist ihr Zusammenhang mit einem der fundamentalsten Naturgesetze, das die Physik kennt: der Energieerhaltung. In einem abgeschlossenen System bleibt die Gesamtmenge an Energie über die Zeit immer erhalten. Zum Beispiel ist in einem E-Auto die Antriebsenergie zunächst chemisch in Form einer Lithiumionenbatterie gespeichert, von wo aus sie in Form von elektrischer Energie entnommen werden kann. Der Elektromotor wandelt diese in Bewegungsenergie um – das Auto fährt. Entlang der Fahrstrecke wird die Bewegungsenergie kontinuierlich durch die Rollreibung der Räder und Luftreibung in Wärme umgewandelt. Letztendlich landet die ursprüngliche chemische Energie feinverteilt als Wärmeenergie entlang des Wegs. Aber die Gesamtenergie im System bleibt immer die Gleiche.

Die Physik hat diesen Erhaltungssatz in unzähligen Experimenten überprüft und als eines der fundamentalen Naturgesetze identifiziert. Dass die Energie über die Zeit niemals verloren gehen kann, hängt mit der Natur der Zeit selbst zusammen. Der deutschen Mathematikerin Emmy Noether gelang es im Jahr 1918, die großen Erhaltungssätze auf Eigenschaften der Raumzeit zurückzuführen. Das nach ihr benannte Noether-Theorem (siehe Appendix) besagt, dass sich aus jeder Symmetrie der Raumzeit ein solcher ableiten lässt. Im Fall der Energieerhaltung ist es die Homogenität der Zeit. Stark vereinfacht gesprochen, existiert kein Zeitpunkt – oder eine Menge von Zeitpunkten – in unserem Universum, der über den anderen steht oder aus ihnen hervorsticht. Alle stehen gleichberechtigt nebeneinander. Daraus leitet Noether ab, dass die Energie unter allen Umständen erhalten bleibt. Das gilt zum Beispiel auch für das Ausströmen eines Gases aus einem Behälter: Die Entropie nimmt zwar stark zu, aber jedes einzelne Gasatom ändert seine mittlere Energie nicht; zumindest unter Annahme eines idealen Ausströmens ohne Reibung und ohne Volumenarbeit. Die Gesamtmenge der kinetischen Energien aller Gasatome ist vorher die gleiche wie hinterher, obwohl sich die Entropie massiv geändert hat.

Der konkrete Beweis, dass aus der Homogenität der Zeit der Energieerhaltungssatz folgt, erfordert ein gewisses Verständnis höherer Mathematik, deshalb beschränken wir uns auf diese Erklärung: Die physikalischen Gesetze dürfen nicht von einem absoluten Zeitpunkt abhängen, sondern müssen unter einer Verschiebung des Zeitnullpunktes invariant sein. Ein Experiment, das gestern, heute oder in 100 Jahren durchgeführt wird, liefert dieselben Ergebnisse wie ein identisches Experiment zu einem beliebigen anderen Zeitpunkt, vorausgesetzt, die Bedingungen sind die gleichen. Im Formalismus der mechanischen Bewegungen lässt sich zeigen, dass es sich bei der Größe, die bei Verschiebung der Zeit unverändert bleibt, um die Energie handelt. Die beiden sind also eng verknüpft. Ob uns dieser Zusammenhang bei dem Bemühen, die Natur der Zeit zu verstehen, weiterhilft, muss allerdings bezweifelt werden. Denn unser Wissen darüber, was die immateriellen Größen der Natur jeweils wirklich sind und was sie verbindet, ist bisher immer noch fragmentarisch.

Entropie und die Richtung der Zeit

Eine erstaunliche Beobachtung ist die sogenannte Zeitumkehrinvarianz der meisten grundlegenden physikalischen Prozesse. Das bedeutet, dass sie vorwärts und rückwärts in gleicher Weise ablaufen. Beispielsweise kann man die Bewegung einer Pendeluhr mit einer Kamera aufnehmen und den Film anschließend vorwärts oder rückwärts abspielen. Ein Zuschauer wäre nicht in der Lage, festzustellen, welche der beiden Versionen welche ist. Die Bewegung eines Pendels verläuft vorwärts wie rückwärts genau gleich. In der Sprache der Physik nennt man das »zeitumkehrinvariant«. Dieser Begriff impliziert auch, dass die Bewegung, wenn es keine Verluste oder Abnutzungsprozesse der Materialen gäbe, ewig wäre. Ein ideales Pendel – also eines ohne Reibung oder Luftwiderstand – schwingt für immer, da sich keine Richtung der Zeit bestimmen lässt.

Das gilt auch für die Planetenbahnen. Wenn man ihre Bewegung rein mathematisch betrachtet, erfüllen sowohl die Vorwärts- als auch die Rückwärtsbewegung dieselben Gleichungen. Die physikalische Bahnform einer Ellipse bleibt gleich, egal ob die Zeit vorwärts oder rückwärts läuft. Kepler'sche Bahnen sind also rein mathematisch gesehen ebenfalls ewig. Allerdings altern die Planeten und auch die Sonnen verlieren langsam an Masse, wodurch sich der Abstand zwischen ihnen allmählich vergrößert. Ohne diese Effekte jedoch ist die mechanische Bewegung für sich allein aufgrund ihrer Zeitumkehrinvarianz ewig. Das Gleiche gilt für etliche weitere fundamentale Prozesse der Physik, wie zum Beispiel für Kernreaktionen oder Kollisionen zwischen Elementarteilchen. Was gibt dann aber der Zeit eine Richtung?

Dies geschieht durch sogenannte »irreversible« Prozesse. Sie laufen zwar von selbst in der Vorwärtsrichtung der Zeit ab, aber niemals von selbst in der Rückwärtsrichtung. Die meisten Vorgänge in unserem Alltag sind von dieser Art. Ein wesentlicher Unterschied zwischen den zeitumkehrinvarianten fundamentalen und den unzähligen irreversiblen Prozessen aus unserem Alltag ist die Zahl der beteiligten Teilchen. Unumkehrbare Vorgänge treten meist in Vielteilchensystemen auf. Ein geläufiges Beispiel dafür ist eine Gasflasche: Öffnet man den Verschluss, strömt der Inhalt sofort aus und verteilt sich gleichmäßig im Raum. Wir sprechen dabei von einem Vielteilchenprozess, denn selbst wenn nur wenige Kubikzentimeter Gas beteiligt sind, entspricht dies insgesamt einer enormen Zahl von Atomen. Nehmen wir an, der Raum sei 99-mal größer als die Flasche. Ein einzelnes Gasatom, das sich zufällig bewegt, wäre dann etwa 99 Prozent der Zeit außerhalb und etwa 1 Prozent der Zeit innerhalb des Behälters. Die Wahrscheinlichkeit, dass sich ein einzelnes Atom in der Flasche befindet, beträgt also ein Hundertstel, und die Wahrscheinlichkeit, dass sich gleichzeitig zwei Gasatome in der Flasche befinden, entsprechend ein Hundertstel mal ein Hundertstel, also ein Zehntausendstel. Somit würde man statistisch nur bei jeder zehntausendsten Messung beide Gasatome in dem Behälter antreffen – eine äußerst geringe Wahrscheinlichkeit. Bei drei Atomen wäre sie sogar gerade mal ein Millionstel, bei hundert astronomisch gering und bei einigen Milliarden praktisch null. Das Ausströmen des Gases aus der Flasche ist also deshalb irreversibel, weil sehr viele Teilchen beteiligt sind. In der makroskopischen Welt geben hauptsächlich solche Prozesse der Zeit eine Richtung. Darum schreitet sie aus unserer Perspektive voran.

Irreversible Prozesse sind also solche, in denen ein Vielteilchensystem von einem unwahrscheinlicheren in einen wahrscheinlicheren Zustand übergeht. Befinden sich alle Gasatome im Druckbehälter, sind sie »geordnet«; befinden sie sich dagegen außerhalb, frei über den Raum verteilt, sind sie in einem ungeordneten – und deshalb wahrscheinlicheren – Zustand. Ein Maß für die Ordnung oder genauer gesagt für die Wahrscheinlichkeit eines Zustands ist die bereits erwähnte Entropie. Sie steigt, wenn das Gas aus unserem Beispiel die Flasche verlässt. Ähnlich verhält es sich beim Würfeln: Es ist extrem unwahrscheinlich, einen 100er-Pasch zu werfen, sodass alle Würfel die gleiche Zahl zeigen. Das wäre ein hochgeordneter Zustand mit einer äußerst niedrigen Entropie; ähnlich unwahrscheinlich wie der, bei dem sich alle Gasatome von selbst in der Flasche versammeln. Aus Sicht der klassischen Physik entwickelt sich das ganze Universum in Richtung anwachsender Entropie.

Dieses Naturgesetz ist eines der wenigen, die der Zeit eine Richtung geben. Die allermeisten sind nämlich im oben beschriebenen Sinn zeitumkehrinvariant. Das Fortschreiten der Zeit bedeutet in diesem Kontext also eine Zunahme der Unordnung oder genauer der Entropie. Sie kann allenfalls konstant bleiben, aber niemals in einem sich selbst überlassenen System abnehmen. Wie bereits erwähnt, läuft die Existenz von Leben diesem Gesetz zuwider. Deshalb muss es noch etwas anderes im Wesen der Zeit geben, das der Tendenz zur Unordnung, zu Zuständen höherer Wahrscheinlichkeit und Entropie entgegenläuft.

Die Ewigkeit

In der Physik der Atome und Elementarteilchen vergeht die Zeit nicht. Ein Atom, das einsam und allein im Weltraum schwebt existiert nach allem was wir wissen ewig – oder sagen wir besser »fast ewig«. Aus der Sicht der konventionellen Physik gibt es nämlich mindestens zwei Phänomene, die auch in diesem Fall ein Fragezeichen hinter den Begriff »Ewigkeit« stellen. Zum einen sind da die Gravitationswellen. Planeten können nicht ewig um eine Sonne rotieren; bei jeder Umrundung verlieren sie eine kleine Menge Energie, da sie mit ihrer Bewegung ständig eine Welle in der Raumzeit erzeugen. Auf kosmischen Skalen sind Planeten aber derart leicht, dass der Energieverlust extrem gering – wenn auch ungleich null – ausfällt. Bei massiven Neutronensternen und Schwarzen Löchern, die umeinander rotieren, wirken die abgestrahlten Gravitationswellen dagegen so stark, dass deren Umlaufzeit durch die verlorene Energie messbar abnimmt.

Im klassischen Bild eines Atoms umkreisen die Elektronen den Atomkern. Die Frage lautet nun, ob sie dabei auch Gravitationswellen abstrahlen. Dann würden sie in der Tat Energie verlieren – aber gleichzeitig gegen die Gesetze der Quantenphysik verstoßen, denn in einem Atom kann ein Energieverlust nur in festgelegten kleinsten Einheiten geschehen und nicht in so geringen Mengen, wie es durch eine Gravitationswelle der Fall wäre. Die Physik hat noch keine Quantentheorie der Gravitation, weshalb wir an dieser Stelle bei Vermutungen bleiben müssen. Es erscheint nach dem derzeitigen Wissensstand zumindest plausibel, dass der Mechanismus des Energieverlustes durch Gravitationswellen in der Welt der Atome nicht greift.

Aber es gibt noch einen zweiten möglichen Effekt, der den Atomen die Ewigkeit absprechen könnte: der Protonenzerfall. In ihren Kernen finden sich zwei Arten von Teilchen, Neutronen und Protonen. Freie Neutronen, also solche, die außerhalb von Atomkernen herumschwirren, sind instabil. Nach rund acht Minuten zerfallen sie und werden zu Protonen. Unserem aktuellen Wissensstand zufolge stehen diese am Ende jedes denkbaren Zerfallsprozesses und sind daher stabil. Wären Protonen nicht stabil, dann gäbe es uns nicht, denn in den knapp 14 Milliarden Jahren der Existenz des Universums wären sie alle längst zerfallen – und mit ihnen die Atome, die alles, was wir kennen, ausmachen. So könnte man zumindest glauben. 14 Milliarden Jahre sind eine lange Zeit, aber nicht lange genug, um ausschließen, dass die Protonen nicht doch zerfallen. Ihre Halbwertszeit wäre dann so gewaltig, dass sie sich nicht mehr wirklich von der Ewigkeit unterscheiden würde.

Die Physik hat versucht, dem möglichen Zerfall der Protonen auf die Spur zu kommen. Dazu wurden möglichst viele von ihnen für eine möglichst lange Zeit beobachtet; zum Beispiel in Meeren und Seen über Jahre hinweg. Ein Wassermolekül besteht aus zwei Wasserstoffatomen und einem Sauerstoffatom. Dies gibt die bekannte chemische Formel H_2O wieder. Der Kern der beiden Wasserstoffatome ist je ein einzelnes Proton. Selbst wenn sie eine mittlere Lebensdauer von etlichen Milliarden Jahren hätten, würden in einer Probe mit Abermilliarden von Protonen auch innerhalb weniger Jahre wenigstens einige von ihnen zerfallen. Bisher konnte jedoch kein einziger solcher Fall nachgewiesen werden. Ihre Lebensdauer muss daher länger sein als 10^{34} Jahre sein, eine 1 mit 34 Nullen. Weniger technisch ausgedrückt bedeutet dies, dass ein einsames Atom – aus komplizierten Gründen sind die Protonen der einzige darin gebundene Bestandteil, der zerfallen kann – im Weltall eine enorme Zeitspanne überdauert. Wie oben schon gesagt, ist das gesamte Universum 14 Milliarden Jahre alt, also eine 14 mit neun Nullen – im Vergleich praktisch nur ein kurzer Augenblick. Ein isoliertes Atom existiert selbst nach den

Maßstäben der Astrophysik unfassbar lange, ohne sich zu verändern – aber eben nicht ewig.

Auf einem ganz anderen Niveau sind jedoch die Schwarzen Löcher. Lange dachte man, sie würden ewig existieren; doch strahlen sie – nach einer recht plausiblen Hypothese von Stephen Hawking – langsam Energie ab, die sogenannte Hawking-Strahlung (siehe Appendix). Damit hätten selbst Schwarze Löcher nur eine endliche, wenn auch extrem lange Lebenserwartung: für ein Exemplar mit der Masse eines Sterns wie unserer Sonne rund 10^{66} Jahre. Das ist zwar noch deutlich länger als die hypothetische Mindestlebensdauer der Protonen, aber ebenfalls nicht die Ewigkeit.

Das Problem scheint zu sein, dass jede Zeitspanne, egal wie lange sie auch sein mag, ihrer Natur nach ein Ende hat. Gibt es denn in unserem Universum gar nichts, was jenseits der Zeit existiert? Etwas wirklich Ewiges? Um diese Frage zu beantworten, müssen wir nochmals überlegen, was Zeit eigentlich ist. Wir wissen, dass sie dann vergeht, wenn man ihre Richtung messen kann. Nehmen wir an, wir machen von einem Objekt zu zwei verschiedenen Zeitpunkten eine Momentaufnahme. Anschließend vergleichen wir die beiden Bilder. Wenn man feststellen kann, welche Aufnahme zuerst und welche später aufgenommen wurde, dann ist Zeit vergangen. Bei einem einzelnen Atom lassen sich die Bilder nicht auf diese Weise ordnen. Zwar kreisen die Elektronen um den Kern, aber das geschieht streng periodisch. Bei einer periodischen Bewegung kann man nicht feststellen, was zuerst und was danach kommt.

Wie steht es mit dem Universum selbst? Ist es ewig? Wohl kaum, denn das Universum dehnt sich aus und dabei vergeht eindeutig Zeit. Bei zwei Momentaufnahmen zu verschiedenen Zeitpunkten lässt sich im Prinzip immer feststellen, welche der beiden früher und welche später gemacht wurde. Im Universum insgesamt vergeht also die Zeit, sowohl durch die permanente Expansion als auch durch die absinkende Temperatur der kosmischen Hintergrundstrahlung.

Unsere bisherigen Überlegungen deuten auf die folgende Sachlage hin: Im Universum insgesamt vergeht Zeit, auch wenn es einzelne Objekte gibt, die vielleicht ewig existieren. Das wären Atome und Moleküle. Welches Ende unser Universum nehmen wird, ist unklar. Ständig werden neue Entdeckungen gemacht, die die Vorhersagen drastisch ändern. Nach einer älteren Theorie kollabiert das Universum – spiegelbildlich zum Urknall – in einem großen »Crunch«, nach einer anderen expandiert es immer weiter und stirbt dabei einen langsamen Kältetod. Eine wirkliche Ewigkeit existiert vermutlich nicht, aber es gibt Objekte, die ohne Beeinflussung von außen im Prinzip ewig bestehen können. Das ist zumindest der aktuelle Stand unseres Wissens.

Das Universum als Zeitblase

Es gibt jedoch eine Theorie, die unsere derzeitigen Kenntnisse, so sie denn stimmt, untergraben würde. Ihr zufolge könnte unser Universum als eine Art Zeitblase im Urknall entstanden sein, die sich seither, eingebettet in ein höheres Raumzeitgefüge, ausdehnt. Eine solche Erkenntnis würde ein ganz neues Licht auf das Wesen der Zeit werfen und alle bisherigen Überlegungen infrage stellen. Tatsächlich existieren Phänomene, die auf eine Wirklichkeit jenseits unseres Raumzeitgefüges hindeuten, wie zum Beispiel die Quantenteleportation (siehe Appendix). Dazu gibt es eine Serie von Experimenten an der vordersten Front der physikalischen Forschung und allerhand Interpretationen, was sie für die Natur der Wirklichkeit bedeuten. Unser Universum könnte etwa eine von vielen Zeitinseln in einer unendlichen Ewigkeit sein; jede mit ganz unterschiedlichen Eigenschaften, aber alle mit ihrer eigenen Zeit, in denen eine Entwicklung stattfindet, die zu Leben führt. Das sind faszinierende Gedanken, doch sie sind auch hochgradig spekulativ. Wir haben zwar jede Menge offene Fragen, die solche Überlegungen befeuern, aber letztlich wissen wir schlicht nicht, wie die Realität in ihren Grundfesten beschaffen ist. Vielleicht können wir das auch gar nicht, weil wir außerstande sind, eine höherdimensionale Wirklichkeit mit unserem begrenzten Geist zu erfassen – wie ein zweidimensionales Strichmännchen auf dem Papier, das versucht, seinen dreidimensionalen Zeichner zu erfassen.

Zeit in der Relativitätstheorie

In der Relativitätstheorie ist die Zeit neben den drei Raumdimensionen die vierte Dimension. Albert Einstein, ihr Erfinder, bezeichnete dieses vierdimensionale Gebilde einmal als »elastische Gallerte«, da sowohl der Raum als auch die Zeit gekrümmt werden können. Sie bilden eine gemeinsame Einheit. Eine Verzerrung oder Krümmung des Raums bedeutet immer eine Verzerrung oder Krümmung der Zeit. Dabei läuft sie langsamer als in ihrem normalen Zustand; niemals beschleunigt sie. Dies bewahrt das übergeordnete Naturgesetz der Kausalität, denn andernfalls wäre es vielleicht doch möglich, die Reihenfolge von Ursache und Wirkung umzukehren.

Eine intuitive Art, sich der Speziellen Relativitätstheorie zu nähern, haben wir oben bereits kurz angeschnitten: Je schneller eine imaginäre Rakete wird, desto langsamer vergeht die Zeit in ihrem Inneren von der Erde aus gesehen. Beobachtet man ihre Crew mit einem Teleskop, bewegen sie sich wie in Zeitlupe, bis ihre Bewegungen an der Grenze zur Lichtgeschwindigkeit fast einfrieren. Die relative Zeit, also die Zeit, die vom Ruhesystem, der Erde, aus im bewegten System, der Rakete, gemessen wird, bleibt schließlich stehen. In ihrem Inneren merkt die Crew davon nichts. Für sie laufen alle Prozesse ganz normal so wie immer ab. Diese Verzerrung nennt man Zeitdilatation. Parallel geschieht etwas Seltsames mit dem Raum; er staut sich quasi vor dem Bug der Rakete auf. Der dreidimensionale Raum wird vom bewegten System aus betrachtet in Richtung der Vorwärtsbewegung gestaucht. Diesen Effekt nennt man Längenkontraktion. Sie führt dazu, dass die Raumfahrer ihr Ziel weitaus schneller erreichen können. Das Ziel kommt ihnen durch die Längenkontraktion buchstäblich entgegen. Damit wird es möglich, dass die Crew einer schnellen Rakete Sterne in Lichtjahren Entfernung binnen wenigen Wochen oder Monaten erreicht. Auf der Erde vergehen aber trotzdem etliche Jahre. Kehren die Raumfahrer zurück, haben sie sich kaum verändert, während die Erdbewohner um viele Jahre gealtert sind. Der Effekt kann zwar mangels derart leistungsfähiger Raketen nicht in dieser Form nachgewiesen werden, wurde aber in unzähligen Experimenten zum Beispiel an Elementarteilchen und mit Atomuhren in Flugzeugen bestätigt. Die von Albert Einstein vorhergesagte Zeitdilatation und Längenkontraktion in bewegten Systemen ist real. Zeit und Raum sind nicht nur Teil eines gemeinsamen Gebildes, sondern darüber hinaus auch dehnbar. Damit wird das Wesen der Zeit für uns noch schwerer zu begreifen, als es ohnehin schon ist.

Es gibt neben der Speziellen Relativitätstheorie außerdem eine Variante für Fortgeschrittene: die Allgemeine Relativitätstheorie, die sich mit der Gravitation beschäftigt und diese mit der Zeit verknüpft. Einstein fragte sich, um was es sich bei der Schwerkraft genau handelt. Was hält uns auf dem Erdboden fest? Sind es Teilchen, die die Schwerkraft vermitteln, oder besondere Strahlen? Hält man ein Objekt vor sich in der Luft und lässt dann los, fällt es nach unten. Macht man das Gleiche in der Schwerelosigkeit des Weltalls, bleibt es jedoch an Ort und Stelle schweben. Was ist anders am »Raum« zwischen diesen beiden Beispielen? Irgendetwas muss das Objekt auf der Erde nach »unten« ziehen. Albert Einstein hat auf diese Frage eine geniale Antwort gefunden, die bis heute absolute Gültigkeit besitzt: Eine Masse wie die der Erde krümmt die Raumzeit, das heißt, sie verzerrt nicht nur den Raum, sondern auch die Zeit. Bei vergleichsweise kleinen Massen wie der eines Planeten ist die räumliche Krümmung relativ gering und fällt im Alltag nicht auf. Aber die zeitliche Krümmung ist real messbar: Tiefer unten im Gravitationsfeld vergeht die Zeit langsamer als weiter oben. Auch dieser Effekt ist im Fall unserer Erde klein, spielt aber eine fundamentale Rolle. Die langsamer voranschreitende Zeit verursacht nämlich die Schwerkraft.

Das dahinterliegende Prinzip ist das folgende: Alle Massen werden in Zonen langsamer vergehender Zeit hineingezogen. Man stelle sich dazu die Raumzeit wie einen Kasten mit Gitternetzlinien vor, durch den sich Objekte auf geradlinigen Bahnen bewegen. Ist die Raumzeit an einer Stelle gekrümmt, etwa durch die Anwesenheit eines Planeten, vergeht die Zeit dort langsamer und staucht die Linien in dessen Richtung hin. Dies beeinflusst auch die Bahnen der Objekte, die nun in ähnlichem Maße gekrümmt sind. Wir beobachten von außen, dass sie von dem Planeten angezogen werden. Ein etwas griffigeres Beispiel ist das eines Autos: Dreht sich ein Vorderrad langsamer als das andere, fährt der ganze Wagen eine Kurve in diese Richtung. Hier fällt die Analogie recht klar aus: Das langsamere Rad entspricht der langsameren Zeit, das Auto repräsentiert ein Objekt das sich in ihre Richtung bewegt.

Wem diese Beispiele zu abstrakt sind, der kann beruhigt sein, denn der Effekt lässt sich für die Erde mittels Atomuhren ganz konkret nachweisen. »Unten« vergeht die Zeit langsamer als »oben«. Da wir meistens aufrecht gehen, altern unsere Füße also ein winziges bisschen langsamer als unser Kopf. Allerdings ist der Unterschied so gering, dass er sich nur mit einer extrem genauen Atomuhr messen lässt. In stärkeren Gravitationsfeldern wie auf einem Neutronenstern fällt der Effekt sehr viel stärker aus. Am Ereignishorizont eines Schwarzen Lochs – also der Grenze, ab der nicht einmal das Licht seiner Anziehungskraft entkommen kann – bleibt die Zeit sogar stehen. In diesem Sinne ist es ein perfektes Gefängnis. Nichts kann aus einem Schwarzen Loch wieder entkommen, denn die Zeit selbst steht darin still. Beobachtet man von dort aus das Universum, könnte man, neben allerhand anderer bizarrer Phänomene, seine Entwicklung in rasender Geschwindigkeit verfolgen.

Zeit vergeht also in bewegten Systemen wie Raketen langsamer; sie wird durch Masse gekrümmt und bleibt in einem extrem starken Gravitationsfeld sogar stehen. Aber diese Eigenschaften sind relativ. Die Zeit bleibt nahe einem Schwarzen Loch nur von außen gesehen stehen. Aus der Perspektive eines Beobachters vergeht sie selbst kurz vor dem Passieren des Ereignishorizonts ganz normal. Nur wenn die Raumfahrer zum Fenster ihrer Rakete hinausschauen, sehen sie das umgebende Universum im Zeitraffer. Wir könnten so problemlos in die Zukunft reisen. Allerdings würde wohl kaum eine Rakete die gewaltigen Kräfte und Energieausbrüche in der Nähe eines Schwarzen Lochs überstehen. Aber in einem lichtschnellen Raumschiff ließe sich allein schon durch das Phänomen der Zeitdilatation die Zukunft des Universums ohne Gefahr für Leib und Leben studieren – nur zurück kann man eben nicht.

Quantenphysik und die Richtung der Zeit

Die Quantenphysik beschreibt die Naturgesetze in der Welt der Atome und Elementarteilchen weit abseits unser normalen Alltagswelt. Wie wir bereits gesehen haben, vergeht für ein isoliertes Atom keine Zeit; und ähnlich wie in der klassischen Physik sind die meisten Elementarprozesse auch in der Quantenphysik zeitumkehrinvariant. Ein Atom kann beispielsweise ein Photon, also ein Lichtteilchen, passender Energie absorbieren oder emittieren. Das geht genauso gut vorwärts wie rückwärts. Erst wenn viele Teilchen beteiligt sind, kommen Entropie und Ordnung ins Spiel und die Vorgänge laufen von selbst nur noch vorwärts in der Zeit. Aber das ist nicht Thema der Quantenphysik, sondern gilt ganz allgemein in der gesamten Wirklichkeit.

Speziell in der Quantenphysik gibt es jedoch einen Elementarprozess an einem einzelnen Quantenteilchen, der nur dort vorkommt und der irreversibel, also nur vorwärts möglich ist. Dabei handelt es sich auch nicht um einen Vielteilchenprozess, wie weiter oben beschrieben. Hier geht es um etwas Neues, etwas ebenso Fundamentales wie Rätselhaftes. Gemeint ist der »Kollaps« einer ausgedehnten Wellenfunktion im Augenblick der »Messung«. Die Anführungszeichen verweisen auf eine besondere Bedeutung der beiden Begriffe, die wir im Weiteren noch klären müssen. Dieser Prozess ist irreversibel und definiert damit eine Richtung der Zeit. Außerdem gilt er für jeden quantenmechanischen Messprozess an einzelnen Teilchen genauso wie an vielen Teilchen. Aber was ist ein Kollaps einer Wellenfunktion?

Wie wir bereits am Beispiel von Schrödingers Katze gesehen haben, verhält sich ein Quantenteilchen, wenn es unbeobachtet ist, anders, als wenn es auf irgendeine Art und Weise mit der Umgebung in Kontakt steht. In perfekter Isolation wird sein Zustand eigenartig »unscharf«: Es zeigt Eigenschaften, die eher einer Welle als einem Teilchen ähneln, und befindet sich an vielen Orten gleichzeitig. Entscheidend ist dabei nicht, ob ein menschlicher Beobachter die Position kennt, sondern ob prinzipiell irgendein Teil des Universums sie kennen *könnte*. Findet keine solche Informationsübertragung statt, gilt plötzlich eine andere Art von Naturgesetzen, nämlich die der Quantenwelt.

Wenn ein Teilchen ohne Wechselwirkung mit der Umgebung durch den leeren Raum fliegt, wird es – in einem komplizierten, mathematischen Sinn – zu einer verschwommenen Welle. Dann befindet es sich an vielen Stellen gleichzeitig und kann sogar mit sich selbst interferieren. Versucht man, seine Position beispielsweise mit einem Laser zu messen, erscheint es irgendwo in dem Raumbereich, den vorher die Welle ausfüllte. Für den Moment der Messung verschwindet also der Wellencharakter und das Teilchen wird wieder zu einem Teilchen. Was vorher eine ausgedehnte Welle war, schnurrt schlagartig zu einem winzigen Atom zusammen. Wo genau das Teilchen im messenden Laserlicht erscheint, lässt sich nicht vorhersagen – es muss aber irgendwo im Bereich der Welle sein.

Die Physik nennt diesen Prozess den Kollaps der Wellenfunktion durch die Messung. Was dabei genau vor sich geht, ist immer noch rätselhaft. Es scheint aber ein Vorgang zu sein, der sich jenseits der Zeit vollzieht, denn er geschieht nahezu sofort; genauer gesagt geschieht der Kollaps so rasch, dass sich die Dauer auch mit den genauesten Verfahren nicht messen lässt.

Man könnte nun glauben, dass der Wellencharakter lediglich eine mathematische Darstellung für das mangelnde Wissen über den Ort des Teilchens sei. Mit anderen Worten: Das Teilchen ist die ganze Zeit ein Teilchen, nur wissen wir nicht genau, wo es sich befindet; deshalb behelfen wir uns mit der Welle, um unsere Unsicherheit in Formeln zu gießen. Das klingt zunächst plausibel, ist aber falsch. Um zu sehen warum, müssen wir uns das sogenannte Doppelspaltexperiment (siehe Appendix) genauer anschauen; doch diesen spannenden Versuchsaufbau behandeln wir erst weiter unten im Kontext der Information in der unbelebten Natur. Noch sind wir mit der Richtung der Zeit nicht ganz fertig.

Kollabiert eine Wellenfunktion, nimmt die Entropie zu. Um dies zu verstehen, müssen wir uns noch etwas genauer mit den zugrundeliegenden Wahrscheinlichkeiten beschäftigen. In der exakten Definition der Entropie wird sie als »Zustandssumme«, also die Gesamtheit der möglichen Zustände eines Systems, bezeichnet. Außerdem unterscheidet man zwischen Makro- und Mikrozuständen. Ein Beispiel ist ein Pasch beim Würfeln. Das Ergebnis kann nur durch sechs verschiedene Mikrozustände realisiert werden: Alle Würfel zeigen entweder eine eins oder eine zwei oder eine drei oder eine vier oder eine fünf oder eine sechs. Ein Mikrozustand ist also die jeweilige genaue Anordnung der einzelnen Würfel nach einem Wurf, während ein Makrozustand eine bestimmte Ordnung aller Würfel beschreibt: Pasch, Straße, Mäxchen und so weiter. Bei einem »ungeordneten Wurf« handelt es sich um einen Makrozustand, der durch unzählige Mikrozustände realisiert werden kann und der deshalb hochgradig wahrscheinlich ist.

Bei der Entropie handelt es sich nun um ein Maß für die Menge an möglichen Mikrozuständen, die den gleichen Makrozustand ergeben. Beim Pasch sind dies sechs: Alle Würfel zeigen die gleiche Zahl und dafür gibt es sechs Möglichkeiten. Beim ungeordneten Wurf ist die Zahl der dazu passenden Mikrozustände astronomisch hoch; bei 100 Würfeln sind es 6^{100} – eine enorm große Zahl. Daraus folgt: Beim Pasch ist die Entropie recht niedrig, während sie beim ungeordneten Wurf maximal hoch ist. Die physikalisch exakte Definition fällt tatsächlich noch etwas komplizierter aus, aber im Wesentlichen geht es um die Zahl der möglichen Mikrozustände, die zum gleichen Makrozustand führen. Manchmal sind es viele, manchmal sind es wenige. Entsprechend gibt es Makrozustände mit hoher und mit niedriger Entropie oder – in anderen Worten – wahrscheinlichere und unwahrscheinlichere.

Mit diesem Wissen betrachten wir noch einmal den Kollaps der Wellenfunktion. Vor der Messung gibt es nur einen Mikrozustand, der den Makrozustand »Welle« realisieren kann: die ausgedehnte Wellenfunktion. Die Entropie ist also im Idealfall nahezu Null. Nach der Messung erscheint das Teilchen an irgendeinem Ort innerhalb des Bereichs der früheren Wellenfunktion. Wo genau es detektiert wird, lässt sich nicht vorhersagen. Der Kollaps ist ein perfekter Zufallsprozess. Entsprechend kann der Makrozustand »irgendwo innerhalb des Bereichs der ursprünglichen Wellenfunktion« durch sehr viele verschiedene Mikrozustände realisiert werden. Mit dem Kollaps steigt die Entropie also massiv an.

Das gleiche Prinzip greift nicht nur bei der Ortsmessung von Teilchen, sondern grundsätzlich bei allen Arten von quantenmechanischen Messprozessen. Auch bei Schrödingers Katze kollabiert der unfassbare Quantenzustand »tot *und* lebendig« durch das Öffnen der Kiste und rastet in einen der beiden in unserer normalen Welt möglichen Zustände ein: »tot« *oder* »lebendig«. Dieses Einrasten lässt sich nicht umkehren. Wenn die Katze einmal gestorben ist, bleibt sie das, selbst wenn wir die Kiste in Schrödingers Gedankenexperiment wieder verschließen. Auch kann der Vorgang nicht in der Zeit rückwärtslaufen, denn dann wäre die tote Katze plötzlich wieder gleichzeitig tot und lebendig. Der Kollaps der Wellenfunktion durch eine Messung funktioniert nur in eine zeitliche Richtung. Auch im Fall der Katze nimmt die Entropie dabei zu, denn vorher gab es lediglich einen möglichen Zustand und danach zwei.

Der Messprozess ist noch immer eines der großen Rätsel der Quantenphysik. Zwar wurde die mathematische Beschreibung in unzähligen Experimenten bestätigt. Aber die physikalische Interpretation ist noch ungenügend und umstritten. Unabhängig von der Interpretation scheint ein Messprozess jedoch irreversibel zu sein und wie auch die Entropie der Zeit eine Richtung zu geben.

Nun könnte man meinen, solche Messprozesse gäbe es nur in physikalischen Grundlagenforschungslabors und daher wären diese Betrachtungen von geringer Bedeutung. Dem ist aber nicht so; es geschehen ständig und auf allen Ebenen der Wirklichkeit Messprozesse. Ohne sie wäre unsere Umgebung relativ schnell zunehmend verschwommen. Teilchen würden zu Wellen werden und in Folge die Umrisse von Objekten immer unschärfer. Denn nach einer Messung ist ein Teilchen zwar für einen Augenblick an einem Ort lokalisiert, aber im nächsten Augenblick würde es wieder zu einer Welle zerfließen – wären da nicht in unserer makroskopischen Welt ständige »Messprozesse« beteiligt, die dies verhindern. Dafür ist kein Experimentator vonnöten. Ein Messprozess besteht aus einem Informationsaustausch zwischen einem Objekt und seiner Umgebung. Man kann es sich wie folgt vorstellen: Wenn das umgebende Universum auf irgendeine Art und Weise wissen kann, wo sich das Teilchen befindet, verhält es sich auch wie ein Teilchen. Daher bleibt es scharf und verschwimmt nicht. Der Informationsaustausch ist der Messprozess. Eines menschlichen Bewusstseins bedarf es dafür nicht zwingend.

Jeder Gegenstand, der aus mehr als nur ein paar Atomen besteht, ist über die allgegenwärtige Wärmestrahlung in ständigem Austausch mit seiner Umgebung. Dieser Kontakt kann als unablässige Folge von Messprozessen angesehen werden. Beispielsweise beginnt ein Nanopartikel, das für einen Augenblick keine Verbindung zur Umgebung hat, zu zerfließen. Doch im nächsten Moment absorbiert es ein Photon der Wärmestrahlung, die Wellenfunktion kollabiert und es wird wieder zum lokalisierten Partikel. Daher erscheinen uns alle Objekte von einer Größe über ein paar Nanometern als echte Teilchen, die sich zu einem Zeitpunkt an genau einem Ort aufhalten und die keineswegs verschwommen sind. Auf der Nanoebene geschehen um uns herum ständig Messprozesse.

Das bedeutet auch, dass der gegenseitige Informationsaustausch aller Objekte in einem Raumzeitgefüge essenziell ist für das Entstehen der uns bekannten Realität. Dieser läuft über ständige quantenphysikalische Messprozesse ab, die allesamt irreversibel sind. Sie halten die Wirklichkeit mit den klassischen Naturgesetzen aufrecht und bestimmen auch die Richtung der Zeit. Vielleicht liegt darin ihr eigentliches Wesen.

Evolution und die Richtung der Zeit

Zu Beginn des 20. Jahrhunderts entdeckte die Physik, dass sich die Natur auf unterschiedlichen Größenskalen sehr unterschiedlich verhält. Die Newton'schen Gesetze etwa sind richtig, solange die Geschwindigkeiten nicht zu groß werden; nahe der Lichtgeschwindigkeit gelten allerdings neue Gesetze. Unter normalen Umständen ist die Zeit eine konstante Größe, aber bei zu starker Schwerkraft gehen die Uhren auf einmal langsamer oder bleiben sogar stehen. So ist es auch mit dem Naturgesetz vom ewigen Anstieg der Entropie, das eine zeitliche Entwicklung hin zu Zuständen mit höherer Entropie und niedrigerer Komplexität erwarten lässt. Danach würde das Universum seit seinem Anbeginn dem Kältetod entgegengehen. Doch auf Zeitskalen von Millionen oder Milliarden Jahren geschieht manchmal das Gegenteil. In günstigen Umgebungen finden Entwicklungen hin zu höherer Komplexität – und damit entgegen der Entropie – statt, wie etwa das Leben auf der Erde.

Das Paradebeispiel für eine Zeitentwicklung hin zu höherer Komplexität ist die biologische Evolution. Alles begann mit einfachen Molekülen, die die Fähigkeit hatten, sich selbst zu kopieren. Sie entwickelten sich weiter zu den ersten Einzellern. Vielleicht gab es zu irgendeinem Zeitpunkt auf der frühen Erde einen ersten Organismus, den die Biologie LUCA nennt. Die Abkürzung bedeutet »last universal common ancestor« – der letzte universelle gemeinsame Vorfahre. Von ihm aus soll, so die Theorie denn richtig ist, im Rahmen der biologischen Evolution die Vielfalt aller heute existierenden Lebewesen entstanden sein. LUCA war aller Wahrscheinlichkeit nach ein Einzeller ohne Kern, der die gemeinsamen Merkmale von Bakterien, Archaeen und Eukaryoten – dazu zählen Pflanzen, Tiere und Pilze – besaß und vor etwa 3,8 bis 4,5 Milliarden Jahren in heißen Tiefsee-Hydrothermalquellen existierte. Er verfügte der Theorie zufolge über Ribosome sowie einen genetischen Code aus DNA oder RNA (siehe Appendix) und verrichtete basale wasserstoffbasierte Stoffwechselprozesse. LUCA wäre dann auch der Urahn aller Menschen. Bei der biologischen Evolution handelt es sich um eine Entwicklung von etwas sehr Einfachem hin zu etwas sehr Komplexem. Viele der heute existierenden Organismen sind in ihrem inneren Aufbau deutlich komplexer als frühere Formen des Lebens. Nehmen wir zum Beispiel die eukaryotischen Zellen, aus denen auch wir bestehen. Ihre Struktur ist trotz ihrer geringen Größe ungeheuer komplex. Aber anders könnten wir in der heutigen Welt nicht überleben, denn auch Viren und Bakterien, die unsere Zellen auf der Nanoebene attackieren, sind erheblich komplexer geworden.

Doch nicht nur auf der Erde, sondern im ganzen Universum scheint es eine Evolution hin zu höherer Komplexität zu geben. Betrachten wir dafür die Entstehung der Sterne und Planeten. Wenige Minuten nach dem Urknall war der uns zugängliche Bereich des Universums mit heißem Gas gefüllt. Nichts existierte außer Wasserstoff und Helium sowie Spuren der leichtesten Metalle Lithium und Beryllium. Diese vier chemischen Elemente waren im Urknall bei der sogenannten primordialen Nukleosynthese entstanden; alle anderen, die wir heute kennen, gab es noch nicht. Hätte damals eine Intelligenz das frühe Universum betrachten können, wäre sie ausgehend von den Naturgesetzen der heutigen Physik niemals darauf gekommen, dass im Laufe der nächsten Milliarden von Jahren aus dem heißen Wasserstoff und Helium eine Fülle unterschiedlicher Galaxien mit farbenfrohen Sternen, vielfältigen Planeten und exotischen Monden entstehen würde.

Es finden sich noch mehr Beispiele aus der unbelebten Natur für eine Evolution hin zu komplexeren Strukturen auf langen Zeitskalen, die wir an anderer Stelle näher beschreiben wollen. Hier soll nur darauf hingewiesen werden, dass auch dieses Naturgesetz der verallgemeinerten Evolution der Zeit eine Richtung gibt. Es erlaubt die Entwicklung von Systemen über lange Zeiträume hinweg zu Zuständen höherer Komplexität. Wie es möglich ist, dass dies scheinbar entgegen dem Naturgesetz des ewigen Anstiegs der Entropie geschehen kann, dazu später mehr.

Was ist also Zeit?

Nachdem wir in den letzten Abschnitten die verschiedenen Aspekte der Zeit diskutiert haben, ist es vielleicht eher schwieriger als einfacher geworden, eine Antwort auf die Frage zu finden, um was es sich bei ihr genau handelt. Fassen wir also kurz zusammen:

- Die Zeit ist vermutlich real und wir leben nicht in einem Blockuniversum, in dem Vergangenheit, Gegenwart und Zukunft gleichzeitig existieren. Realität hat – so zumindest die Arbeitshypothese in diesem Buch – nur das Jetzt.
- Aus dem Naturgesetz der Energieerhaltung folgt, dass die Zeit homogen ist. Jeder Zeitpunkt steht gleichberechtigt neben allen anderen. Das heißt, die Zeit selbst altert nicht; es ist die Materie, für die sie vergeht.
- Albert Einstein hat die Zeit als vierte Dimension in den mathematischen Formalismus der Relativitätstheorie eingeführt. Sie

hängt also eng mit den Raumdimensionen zusammen, aber auf welche Weise sie das tut, ist unbekannt. Dass die Zeit bei hohen Geschwindigkeiten und in starken Gravitationsfeldern langsamer vergeht, macht sie nur noch rätselhafter.

Die vielleicht verständlichste Antwort auf die Frage nach der Natur der Zeit liefert die Entwicklung hin zu wahrscheinlicheren Zuständen. Dem Entropiesatz zufolge hat das Universum die grundsätzliche Tendenz zu altern und der Unordnung entgegenzustreben. Das ist vermutlich ein fundamentaler Wesenszug der Zeit. Aber ihm läuft ein anderes fundamentales Naturgesetz entgegen, nämlich das von der Evolution hin zu höherer Komplexität. Ermöglicht wird dies durch einen enormen Energieverbrauch. Das Universum geht mit Energie extrem verschwenderisch um, aber genau deshalb können wir überall eine Entwicklung hin zu höherer Komplexität beobachten. Auch das ist ein Wesenszug der Zeit.

Möglicherweise sind aber all das nur Oberflächeneigenschaften. Vielleicht vergeht die Zeit tatsächlich auf der Nanoebene der Quantenphysik, sodass wir lediglich die Auswirkungen davon beobachten können. Daneben besteht die Möglichkeit, dass das Universum eine Zeitblase ist, die in einer höheren Wirklichkeit »schwimmt«. Dort könnten andere Naturgesetze herrschen, während die, die wir kennen, nur in unserer Zeitblase gelten. Dass sie erst wirksam werden, wenn ein Informationsaustausch zwischen einem System und der Umgebung stattfindet, wäre dann eine Eigenart unseres Universums, die in anderen nicht der Fall sein muss. Diese Verbindung wird bei uns durch die allgegenwärtige Wärmestrahlung bewerkstelligt. Ohne sie verschwimmt die Wirklichkeit. Das ständige »Scharfstellen« der Realität ist in dieser Vorstellung identisch mit dem Vergehen der Zeit und immer mit einem Zuwachs an Entropie verbunden. Der Prozess verläuft stets in Richtung höherer Wahrscheinlichkeit. Vielleicht ist für die ständige Aufrechterhaltung der Wirklichkeit auf der Nanoebene die Zeit selbst verantwortlich.

3 Das feinjustierte Universum

Eines der größten Rätsel der Physik ist die Feinjustierung des Universums für die Existenz von Leben. Verändert man in Computersimulationen die relative Stärke der Naturkräfte, die Naturgesetze oder die Naturkonstanten, kommt dabei meistens ein steriles Universum heraus, also eines, in dem kein Leben existieren kann. Anscheinend ist unser Universum genau in seiner jetzigen Form für die Entwicklung von Leben optimiert. Für diese Feinjustierung haben wir derzeit keine plausible Begründung. Die Erweiterung des Weltbildes der Physik, die sich aus den drei Postulaten weiter unten ergibt, liefert einen neuen Erklärungsansatz. Könnte es sein, dass das Universum in seiner Frühphase eine Art von Evolution durchlief?

Die Eigenschaften unseres Universums werden durch die Naturgesetze, die Naturkräfte und die Naturkonstanten festgelegt. Warum diese Größen so sind, wie sie sind, wissen wir heute nicht: beispielsweise warum Naturgesetze scheinbar überall und gleichzeitig gelten und durch lokale, stetige Gleichungen beschrieben werden können, warum die Gravitation eine so viel schwächere Anziehung ausübt als die Starke, die Schwache und die elektromagnetische Wechselwirkung oder warum die Elementarladung den Wert von genau $1{,}609 \times 10^{-19}$ Coulomb aufweist – auf all diese Fragen kennt die Physik keine Antwort. Sie kann zwar messen und beobachten, aber meistens nicht in die Tiefe erklären, ohne eine andere Frage aufzuwerfen.

Wie bereits angedeutet, ist es möglich, alternative Universen im Computer zu simulieren: etwa mit tausendfach stärkerer oder schwächerer Gravitation, Elektronen, die die doppelte oder nur die halbe Ladung tragen, oder Elementarteilchen mit veränderter Masse. Das sind Beispiele für Variationen, die die Eigenschaften und das Aussehen eines simulierten Universums verändern. Insgesamt gibt es ungefähr 50 solcher Kenngrößen. Jeder dieser Parameter muss in einem mehr oder weniger engen Wertebereich liegen, damit Leben existieren kann. Im Folgenden wollen wir ein besonders auffälliges Beispiel näher diskutieren: den Drei-Alpha-Prozess, eine Entdeckung, die die Welt der Physik damals stark verwundert hat. Manche haben daraufhin sogar die Existenz eines Schöpfergottes wieder ernsthaft in Erwägung gezogen. Das wollen wir hier nicht tun, sondern versuchen, eine auf der Physik basierende Erklärung für diese Feinjustierung zu finden.

Der Drei-Alpha-Prozess

Ein Fall einer besonders augenscheinlichen Justierung betrifft die Entstehung von Kohlenstoff, das Element des Lebens. Wie bereits erwähnt, sind im Urknall nur Wasserstoff, Helium, Lithium und Beryllium entstanden. Woher kommen dann die anderen Elemente, zu denen auch der Kohlenstoff gehört? Diese sind erst deutlich später in Fusionsprozessen entstanden. Dafür werden extrem hohe Temperaturen und Dichten benötigt, wie sie nur im Zentrum von Sternen vorkommen. Dabei ist die Masse ausschlaggebend, denn nur massereiche Gestirne werden in ihrem Inneren ausreichend heiß. In Fusionsprozessen verschmelzen leichte zu schweren Atomkernen. Damit dies möglich ist, müssen sie sich nahe genug kommen. Atomkerne sind aber positiv geladen und stoßen sich elektrostatisch gegenseitig ab. Eine solche Abstoßung kann nur überwunden werden, wenn sie mit ausreichend großer Geschwindigkeit kollidieren. Im Physikunterricht lernt man, dass Temperatur nichts weiter ist als die Bewegung von Atomen. Das bedeutet: Je heißer ein System, umso höher deren mittlere Geschwindigkeit. Deshalb wird eine extrem hohe Temperatur benötigt, um Atomkerne miteinander zu verschmelzen.

Im Innern unserer Sonne herrschen rund 15 Millionen Grad Celsius; das genügt für die Fusion von Wasserstoff zu Helium. Dabei verschmelzen in mehreren Schritten vier Wasserstoffkerne zu einem Heliumkern. Dieser Fusionsprozess ist die Energiequelle der Sonne; ohne ihn wäre sie kalt. Wenn der Wasserstoff in etwa fünf Milliarden Jahren zur Neige geht, wird sich unsere Sonne zu einem Roten Riesen aufblähen. In diesem Stadium ist die Temperatur in ihrem Zentrum erheblich höher und reicht nun aus, um das entstandene Helium in weiteren Schritten zu Kohlenstoff zu fusionieren. Weil Heliumkerne zweifach positiv geladen sind und sich daher doppelt so stark gegenseitig abstoßen wie Wasserstoffkerne, ist dies in ihrem derzeitigen Stadium, auch Gelber Zwerg oder Hauptreihenstern genannt, nicht möglich. Die 100 Millionen Grad im Zentrum eines Roten Riesen genügen dagegen zur Heliumfusion. Von da an kann die Fusionskette hin zu immer schwereren Atomkernen weitergehen. Aber dabei gibt es ein ernstes Problem.

Im Innern eines Sterns der ersten Generation nach dem Urknall – unsere Sonne kam erst deutlich später – brannten hauptsächlich Atomkerne des primordialen, also des ursprünglich entstandenen, Wasserstoffs und Heliums. Ein Wasserstoffkern besteht lediglich aus einem Proton, ein Heliumkern dagegen aus zwei Protonen und zwei Neutronen. Für die folgende Diskussion ist die Gesamtzahl dieser sogenannten Nukleonen – von *nucleus*, dem lateinischen Wort für »Kern« – relevant. Wir geben sie mit einer Ziffer hinter dem Namen des Elements an: Helium-4 hat also vier Nukleonen, je zwei Protonen und Neutronen. Die Fusion aller schwereren Elemente muss hier ansetzen. Nun gibt es zwei Möglichkeiten, wie ausgehend von Helium-4 der nächste Schritt aussehen könnte. Die erste wäre die Fusion mit einem Neutron zu einem Atomkern aus fünf Nukleonen, Helium-5, die zweite Möglichkeit wäre die Fusion zweier Heliumatomkerne zu einem Atomkern aus fünf Nukleonen, Helium-8. Aber beide Produktkerne existieren in unserem Universum nicht: Atomkerne mit fünf oder acht Nukleonen sind instabil und zerfallen sofort.

Beide Fusionsprozesse auf der Basis des Verschmelzens von zwei Atomkernen führen also auf dem Weg zu den schwereren Elementen, die das Leben ermöglichen, in eine Sackgasse. Das ließ die Forschung zu Beginn des letzten Jahrhunderts fast verzweifeln. Denn nach allem, was damals über Fusionsprozesse bekannt war, konnten die beiden Lücken in der Tafel der stabilen Atomkerne bei fünf Nukleonen und acht Nukleonen nicht übersprungen werden. Folglich dürfte es in unserem Universum keine schwereren Elemente als Helium, Lithium und Beryllium geben. Da sie aber offensichtlich existieren, muss ein unbekannter Prozess beteiligt sein, der dies ermöglicht.

Kohlenstoff ist ein in unserem Universum auffallend häufiges Element. Sein Atomkern besteht aus zwölf Nukleonen: sechs Protonen und sechs Neutronen. Wie soll ein solcher in einem typischen Stern der ersten Generation nach dem Urknall, in dem nur Wasserstoff und Helium verfügbar waren, entstehen? Wenn wir wie mit einem Baukasten denken und uns fragen: »Wie kommen wir mit der kleinsten möglichen Anzahl an Teilen zum gewünschten Resultat?«, dann liegt die Antwort nahe. Der Zusammenstoß von drei Helium-4-Atomkernen ist zwar selten, würde aber unmittelbar zu Kohlenstoff-12 führen. Die Komponenten bringen insgesamt sechs Protonen und sechs Neutronen mit – genau die zwölf für Kohlenstoff benötigten Nukleonen. Das passt also gut. Aber die Simulationsrechnungen ergaben schon damals, als man diese Überlegungen zum ersten Mal aufstellte, zu niedrige Raten der Entstehung von Kohlenstoff. Man konnte die gewaltige Menge, die wir in unserem Universum vorfinden, rein über den Dreierstoß nicht erklären.

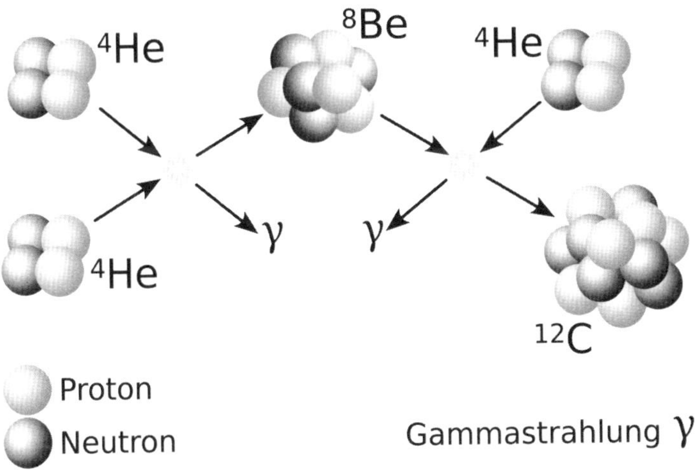

Der Drei-Alpha-Prozess. Hierbei werden drei Heliumkerne, hier »^{4}He«, unter Abgabe von Gammastrahlung zu Kohlenstoff, hier »^{12}C«, umgewandelt. Quelle: Wikipedia.[1]

Doch die Idee hielt sich. Ein weiteres Indiz für die Existenz dieses sogenannten Drei-Alpha-Prozesses ist etwa die Tatsache, dass der Dreierstoß einen großen Sprung in der Synthese der Elemente bedeutet: Man geht direkt von einem Atomkern mit vier Nukleonen, dem Helium, zu einem Atomkern mit zwölf Nukleonen, dem Kohlenstoff. Alle Elemente dazwischen werden dabei übersprungen und müssten daher selten sein – und genau das ist auch der Fall: Lithium, Beryllium und Bor sind in unserem Universum ganz außergewöhnlich rar. Das liefert ein starkes Argument dafür, dass die Idee des Dreierstoßes eigentlich richtig sein muss. Doch die Diskrepanz brachte die Forschung zum Verzweifeln, bis man schließlich den Mechanismus fand, der den Prozess wahrscheinlicher macht als ursprünglich angenommen.

Des Rätsels Lösung waren sogenannte Resonanzen. Dabei handelt es sich um quantenphysikalische Phänomene, die mit dem Wellencharakter der Materie zusammenhängen. Wenn eine Resonanz genau auf die Bedingungen eines Fusionsprozesses passt, erhöht sich dessen Wahrscheinlichkeit dramatisch. Dadurch kann die Verschmelzung von drei Helium-4-Atomkernen, die eigentlich recht unwahrscheinlich ist, häufig genug stattfinden, um große Mengen Kohlenstoff entstehen zu lassen.

Resonanzen bei Kernreaktionen ähneln den Resonanzen, die wir aus unserem Alltag kennen. Wenn die Frequenz stimmt, kann ein hoher Ton ein Glas zum Zerspringen bringen. Wenn sie nicht stimmt, passiert gar nichts. So ist es auch bei den Dreierstößen: In den Simulationen ohne Resonanz können die drei Helium-4-Atomkerne zusammenstoßen, ohne zu fusionieren. Durch die Kollision entsteht also kein Kohlenstoff-12. Aber in unserem Universum gibt es eine Resonanz, die fast genau passt und dadurch den Drei-Alpha-Prozess hinreichend wahrscheinlich macht, dass Kohlenstoff – und damit Leben – in großer Zahl entstehen kann. Ein Glücksfall! Denn Resonanzen sind selten in der Natur. Wo genau sie sich befinden, hängt von den Naturkonstanten, der Starken und der elektromagnetischen Wechselwirkung ab. Resonanzen sind deshalb ein Musterbeispiel für die Feinjustierung des Universums.

Die Starke Wechselwirkung

Das Verhältnis zwischen der Starken und der elektromagnetischen Wechselwirkung bestimmt, welche chemischen Elemente existieren – genauer, welche stabil genug sind, um nicht praktisch sofort zu zerfallen – und welche nicht. In unserem Universum gibt es davon insgesamt 82. Warum diese Zahl? Die Starke Wechselwirkung, eine fundamentale Naturkraft, die die einzelnen Teile des Atomkerns, die Nukleonen, zusammenhält, könnte ein wenig stärker oder schwächer sein. Dann gäbe es entsprechend mehr oder weniger chemische Elemente. Ein solches Universum sähe gänzlich anders aus. Wäre die Starke Wechselwirkung beispielsweise nur ein bisschen stärker, wären Uran und Plutonium nicht radioaktiv, sondern ganz normale Schwermetalle wie zum Beispiel Blei; außerdem gäbe es möglicherweise noch weitaus schwerere Metalle. Wäre sie umgekehrt schwächer, würde das Periodensystem der Elemente vielleicht beim Eisen enden und Schwermetalle wie Blei oder die seltenen Erden gäbe es nicht. Im Extremfall könnten nur leichte Elemente wie Sauerstoff und Kohlenstoff existieren – der Rest wäre instabil und radioaktiv. Leben wäre in einem Universum mit einer derart eingeschränkten Auswahl an chemischen Elementen unmöglich.

Aber eine Veränderung der relativen Stärke der Naturkräfte hätte noch viel gravierendere Folgen. Wäre die Starke Wechselwirkung bei der primordialen Nukleosynthese kurz nach dem Urknall nur rund 20 Prozent stärker gewesen, hätte dies zur Konsequenz gehabt, dass aller Wasserstoff durch die effektiveren Fusionsprozesse zu Helium umgewandelt worden wäre. Dann gäbe es keinen Wasserstoff und damit auch keine Sterne, kein Wasser – und kein Leben. Wäre umgekehrt die Starke Wechselwirkung rund 20 Prozent schwächer gewesen, hätten praktisch keine Fusionsprozesse stattfinden können. Das hängt damit zusammen, dass ein Teil des primordialen Wasserstoffs in einer bestimmten Form namens Deuterium vorlag, die neben dem einen Proton im Kern noch ein Neutron aufweist. Diese Konfiguration ist enorm wichtig, denn sie bildet den ersten Schritt in der Kette der Fusionsprozesse; etwa bereits kurz nach dem

Urknall von Wasserstoff zu Helium. Ohne Deuterium könnten diese Vorgänge nicht stattfinden und anstelle von leuchtenden Sternen gäbe es nur dunkle Wasserstoffbälle im Universum – und ganz sicher kein Leben. Die Stärke der Starken Wechselwirkung muss also in einem engen Bereich von 20 Prozent in beide Richtungen liegen, sonst wäre unser Universum dunkel und steril.

Neben dem Drei-Alpha-Prozess und der Starken Wechselwirkung könnte man noch etliche weitere Beispiele für die Feinjustierung oder Maßschneiderung des Universums aufzählen; etwa die relative Stärke der Gravitation, die Materiedichte, die Größe der kosmologischen Konstanten sowie die Dichteschwankungen im frühen Universum. Diese Beispiele werden in meinem früheren Buch *Das rätselhafte Gewebe der Wirklichkeit* näher beschrieben, das genug Grundlagenwissen enthält, um auch die komplexeren Fälle vermitteln zu können.

Mögliche Gründe für die anscheinende Feinjustierung

Wie konnte es zu dieser Maßschneiderung kommen? Der Begriff »anscheinend« im Abschnittstitel lässt die Möglichkeit offen, dass es uns Menschen vielleicht nur so erscheint, als wäre das Universum feinjustiert, und dass sich, sobald wir den wahren Grund kennen, die Bezeichnung als falsch oder unpassend erweist. Maßgeschneidert oder feinjustiert sind Dinge, die wir aus unserem Alltag kennen – beispielsweise teure Kleidung oder komplexe Maschinen –, aber oft stiften die Ausdrücke aus unserer Lebensrealität angewandt auf die Sphäre der Physik Verwirrung. Geht man mit allzu menschlichen Vorstellungen an die Erforschung der Welt des ganz Kleinen, also der Elementarteilchen, oder der Welt des ganz Großen, also der Galaxien und des Universums, heran, führt das häufig zu falschen Schlüssen. Die Wirklichkeit da draußen ist uns grundsätzlich fremd und menschliche, insbesondere alltägliche Denkweisen passen oft nicht. Daher also die Wortwahl einer »anscheinenden Feinjustierung«. Trotzdem stellt sich die Frage, was alle diese Kenngrößen unseres Universums auf ihre jeweiligen Werte festgelegt hat. Auf den ersten Blick gibt es fünf denkbare Möglichkeiten:

- Zufall
- die Existenz eines Schöpfers
- es gibt viele Universen und nur wenige sind bewohnbar
- das Universum ist ein Megaversum mit bewohnbaren und unbewohnbaren Zonen
- wir haben noch nicht alle Naturgesetze entdeckt

Doch betrachtet man diese Möglichkeiten genauer, weisen sie allesamt gravierende Schwächen auf. Ein Zufall kann es eigentlich nicht sein, weil zu viele Parameter in einem engen Wertebereich liegen müssen, damit das resultierende Universum nicht steril ist – und selbst wenn man akzeptiert, dass unwahrscheinliche Ereignisse manchmal eben doch eintreten, weil das schlicht in der Natur der Wahrscheinlichkeit liegt, wäre eine solche Erklärung für den neugierigen Verstand zutiefst unbefriedigend.

Das Gleiche gilt für die zweite Möglichkeit: Ein Schöpfer, der das Universum genau so konstruiert hat, wie wir es vorfinden, lässt sich im Angesicht eines jeden unbekannten Phänomens anführen. Damit wäre die Physik schon am Ende gewesen, als die Griechen Gewitterblitze mit dem Zorn der Götter erklärten. Wissenschaft basiert auf der Annahme, dass wir alles, ohne auf den Gestaltungswillen eines Gottes zurückgreifen zu müssen, aus eigenem Antrieb heraus verstehen können. Wir verzichten also auf die Prämisse eines höheren Wesens, die die Physik arbeitslos machen würde.

Weiterhin besteht die Möglichkeit, dass viele Multiversen (siehe Appendix) parallel nebeneinander existieren, von denen aber nur wenige – die mit den richtigen Eigenschaften – bewohnbar sind. Das wäre dann ähnlich wie bei Planeten, von denen es zwar etliche gibt, aber nur die wenigsten Leben beheimaten können.

In eine ähnliche Richtung geht die Möglichkeit, dass das Universum in Wirklichkeit ein Megaversum (siehe Appendix) ist. In dem Fall sehen wir nur einen kleinen Teil des großen Ganzen, nämlich den, in dem wir leben können. In anderen Teilen des Vielfach größeren Megaversums herrschen dagegen andere Naturgesetze, sodass sie nach unserem Wissen unbewohnbar sind.

Die letzte Möglichkeit in der obigen Liste ist die Existenz übergeordneter Naturgesetze. Unserer menschlichen Logik nach muss der Urknall einen Auslöser gehabt haben. Denkbar wäre vor diesem Hintergrund, dass er eingebettet in ein höheres Raumzeit-Kontinuum geschehen ist. Darin könnte es mehr als drei Raumdimensionen geben, die Zeit könnte eine andere Bedeutung haben oder sie könnte sogar stillstehen, sodass dort die Ewigkeit herrscht. Uns liegen einige wenige Hinweise auf die Existenz eines solchen übergeordneten Kontinuums vor, wie zum Beispiel die Quantenteleportation (siehe Appendix), bei der es sich vermutlich um ein zeitloses Phänomen handelt. Entspräche diese Theorie der Realität, wäre unser Universum im Urknall als eine Art Blase innerhalb des übergeordneten Kontinuums entstanden und die Naturgesetze und Naturkonstanten, die wir hier beobachten können, würden sich dann auf diejenigen der höherstufigen Realität zurückführen lassen.

Da die Bereiche einer hypothetischen Wirklichkeit außerhalb unserer Raumzeit dem menschlichen Verstand noch verschlossen sind, haben wir vorerst keine Chance, diese Prozesse zu verstehen. Wir ähneln Fischen im Wasser, die nicht wissen, was jenseits der Oberfläche existiert; dass man sich dort nicht problemlos in allen drei Dimensionen fortbewegen kann, dass man Sauerstoff aus einem Gas, der Luft, statt aus einer Flüssigkeit bezieht, dass man Haut oder Federn statt Schuppen hat und vieles mehr. Das Weltbild der Fische in diesem Beispiel weist zwangsläufig große Lücken und Unstimmigkeiten auf – ganz ähnlich dem aktuellen Weltbild der Physik. Sie kann etliche Warum-Fragen nicht beantworten und selbst ihr Verständnis der beobachtbaren Welt ist noch nicht perfekt, wie die Suche nach der Dunklen Materie und der Dunklen Energie zeigt. Vermutlich existiert weitaus mehr als das, was wir heute für die Wirklichkeit halten.

Eine neue mögliche Erklärung für die Feinjustierung

Im Rahmen der im vorliegenden Buch dargelegten Argumentation ergibt sich eine zusätzliche mögliche Erklärung für die Feinjustierung: die Existenz eines übergeordneten Evolutionsgesetzes, das auch für die unbelebte Natur gilt. Daneben wird eine immaterielle Ebene der Wirklichkeit argumentiert, die mindestens genauso wichtig ist wie die Materie selber: die Information. Evolution und Information sind dabei nicht auf den Bereich der belebten Natur beschränkt, sondern spielen auch in der unbelebten Natur eine entscheidende Rolle.

Wäre es denkbar, dass in der Frühphase des Universums direkt nach dem Urknall eine Art Evolution stattfand? Die Naturkräfte und Naturkonstanten sind, soweit wir heute wissen, seit vielen Milliarden Jahren gleich. Wenn das schon immer so gewesen wäre, kann es keine Evolution gegeben haben, denn ohne Veränderung keine Entwicklung, egal welcher Art. Die theoretische Physik kennt jedoch Ansätze, die durchaus eine zeitliche Fluktuation der Naturgesetze, Naturkräfte und Naturkonstanten in der extremen Frühphase des Universums postulieren. Zum Beispiel wird angenommen, dass es zunächst in einer Phase extrem hoher Temperaturen und Dichten kurz nach dem Urknall nur eine Urkraft gab. Erst mit der Abkühlung und Expansion spaltete sich diese in die vier bekannten Naturkräfte auf. Information muss damals auch schon existiert haben, wenn wir den verallgemeinerten Erhaltungssatz der Information, den wir später ausführlich behandeln werden, ernst nehmen. Wie wir heute wissen, sind Information und Materie eng miteinander verknüpft. Könnten also die extrem frühen Entwicklungsprozesse nach dem Urknall eine Evolution durchlaufen haben, in deren Folge für die Information – und damit das Leben – günstige Verhältnisse in unserem Universum entstanden sind?

Über die extrem frühe Phase des Universums haben wir nur wenig experimentell abgesichertes Wissen. Das Standardmodell der Kosmologie, wie das Urknallmodell auch genannt wird, macht zwar sehr detailreiche Angaben über die ersten Sekunden, Stunden und Jahre des Universums nach dem Urknall, aber die Theorien, auf denen die Modellvorstellungen beruhen, enthalten viele Annahmen. Zum Beispiel soll direkt zu Beginn eine überlichtschnelle Expansionsphase stattgefunden haben, die sogenannte Inflation. Sie begann rund 10^{-35} Sekunden nach dem Urknall und dauerte bis 10^{-32} Sekunden danach – eine unfassbar kurze Zeitspanne. In diesem miniskülen Bruchteil eines Augenblicks soll sich das Universum um den Faktor 10^{50}, also eine Eins mit 50 Nullen, ausgedehnt haben. Die Annahme einer Inflationsphase ist eine Art »Flicken« der Urknalltheorie, um die Theorie mit einigen experimentellen Beobachtungen in Übereinstimmung zu bringen. Ohne sie käme das Modell ins Wanken.

Die Idee einer frühen Evolution der Naturgesetze ist nicht exotischer als die Inflationstheorie oder die anderen beiden großen »Flicken« der Urknalltheorie: die Dunkle Materie und die Dunkle Energie. In den drei folgenden Kapiteln soll eine Erweiterung des Weltbildes der Physik vorgestellt werden, die einen Denkansatz liefert, um die Feinjustierung zu verstehen. Man könnte dabei von einer Art »Intelligenz des Universums« reden. Information und Intelligenz sind eng verwandt. Die Annahme einer Evolution des Gewebes der Naturgesetze geht auf die Wechselwirkung zwischen Information und Materie zurück, wie wir sie heute bei Experimenten der Quantenphysik in den Laboren studieren.

4 Die drei Postulate

I. Das Universum ist voller Leben

Das Weltbild der klassischen Physik wird vom Naturgesetz des ewigen Anstiegs der Entropie dominiert. Danach kann sich in unserem Universum von selbst niemals etwas Komplexes aus etwas weniger Komplexem entwickeln. Beispielsweise ist es dem Gesetz zufolge unmöglich, dass sich aus einer Ursuppe, die die Bausteine des Lebens enthält, ein Lebewesen formt. Sogar ein Einzeller übertrifft die kunstvollsten Schweizer Uhren hinsichtlich ihrer strukturellen Komplexität um ein Vielfaches – und sogar der modernste Zeitmesser könnte sich niemals von allein zusammenfügen, selbst wenn es eine Ursuppe gäbe, in der seine Bauteile herumschwimmen.

Nach diesem Weltbild dürfte also kein Leben im Universum existieren. Dem läuft der Planet Erde mit seiner enormen Artenvielfalt inklusive uns Menschen mit unserer höheren Intelligenz natürlich zuwider. Trotzdem halten die Anhänger der Vorstellungswelt der klassischen Physik an ihrer Sicht fest, indem sie die Existenz von irdischem Leben als extrem unwahrscheinlichen Zufall abtun. Nach ihrer Meinung sind wir sowie all die Pflanzen und Tiere eine Ausnahme, die die Regel bestätigt. Fände die Wissenschaft Leben auf einem anderen Planeten als der Erde, dann wäre das ein schwerer Schlag gegen dieses Weltbild. Wir haben mit den uns zur Verfügung stehenden Methoden der Fernerkundung bislang noch nicht besonders intensiv suchen können. Fänden wir jetzt schon einen Beweis für extraterrestrisches Leben, könnte man wohl kaum weiterhin behaupten, dass die Entstehung von Leben allgemein unwahrscheinlich sei. Im Gegenteil: Gäbe es unter so wenigen untersuchten Planeten bereits einen mit außerirdischem Leben, wäre das als ein Hinweis zu werten, dass Leben allgemein eine häufige Erscheinung im Universum ist. Dann müssten wir unser Weltbild ändern. Das ist genau der Vorschlag, der in diesem Buch gemacht wird. Bisher hat die Wissenschaft zwar einige Hinweise für die Existenz extraterrestrischen Lebens gefunden, aber noch keinen Beweis – doch die Indizien häufen sich.

Im Folgenden wird eine kurze Übersicht über den aktuellen Stand der Forschung gegeben. Auf der Basis der Indizien, die wir bisher über die Existenz außerirdischen Lebens haben, stellen wir am Schluss dieses Abschnitts das erste Postulat auf: Das Universum ist nicht nur voller Leben, sondern dessen Entwicklung im Gewebe der Naturgesetze quasi vorgesehen.

Mars

Der vielversprechendste Kandidat für die Suche nach Leben ist der Mars. Da der sich aber in unmittelbarer Nachbarschaft zur Erde befindet, steht zunächst die Möglichkeit im Raum, dass, selbst wenn es dort Leben gäbe, dieses irgendwie von der Erde »übergesprungen« sein könnte; zum Beispiel bei einem heftigen Asteroideneinschlag wie dem, der die Dinosaurier ausrottete. Eine massive Kollison mit einem Gesteinsbrocken schmettert Trümmer von der Planetenoberfläche ins Weltall. Die könnten durch den Raum driften und schließlich auf den Nachbarplaneten gelangen. Auf diese Weise wäre es möglich, dass einfache Organismen von einem Planeten zum anderen reisen. Man müsste also, sollte auf dem Mars schließlich Leben – oder Spuren von frühem Leben – entdeckt werden, feststellen, ob dieses mit dem auf der Erde verwandt ist. Das lässt sich mit einer genauen Analyse der Biomoleküle ermitteln. Bei einem positiven Befund wäre der Beweis einer unabhängigen Entwicklung außerirdischen Lebens – und nur darum geht es – nicht erbracht.

Bisher sind selbst diese Überlegungen aber noch Wunschdenken. Denn trotz ernsthafter Bemühungen hat man keinen Beweis für die Existenz von Leben auf dem Mars gefunden. Uns liegen jedoch Indizien vor, dass es dort in der Anfangsphase des Sonnensystems, als der Planet noch eine dichte Atmosphäre hatte, wärmer war und sich Flüsse und Seen auf seiner Oberfläche befanden, simple Organismen gab – kaum vorstellbar, wenn man sich die heutige rote Wüste auf seiner Oberfläche anschaut. Die Atmosphäre und das Wasser hat der Mars über die Jahrmilliarden verloren, weil seine Masse deutlich geringer ist als die der Erde. Daher reicht die Schwerkraft nicht aus, um leichte Moleküle wie Wasserstoff oder Stickstoff zu halten. Nur etwas Kohlendioxid findet sich heute noch, das aufgrund seiner Struktur schwer genug ist, um zumindest in kleinen Mengen von der Gravitation des Planeten angezogen zu werden.

Auf der Erde dauerte die Entwicklung zu höherem Leben äußerst lange. Die meiste Zeit über schwammen simple Organismen durch die Ozeane. So könnte es auch auf dem Mars gewesen sein. Das bedeutet, man müsste nach fossilen Spuren von Einzellern suchen – sofern das überhaupt möglich ist. Einfacher gestaltet sich dagegen die Ermittlung von Biomolekülen, die die Jahrmilliarden bis heute überstanden haben. Aber auch das ist noch verhältnismäßig kompliziert, denn nahe der Oberfläche waren diese über Jahrmilliarden dem Bombardement der kosmischen Strahlung ausgesetzt, die organische Moleküle in ihre atomaren Bestandteile zerlegt.

Trotzdem gibt es inzwischen einige ermutigende Indizien. Seit Jahren suchen mobile Roboter auf der Marsoberfläche nach

Leben. Sie haben Bohrer, um unter der Oberfläche Proben entnehmen zu können. Allerdings sind die Möglichkeiten, diese an Bord zu analysieren, recht eingeschränkt. Inzwischen wurden in etlichen Fällen einfache organische Verbindungen auf der Marsoberfläche nachgewiesen, aber sie könnten auch aus rein anorganischen Prozessen entstanden sein.

Als bisher stärkster Hinweis gelten die »Leopardenflecken«, die der Marsroboter *Perseverance* 2024 auf einem Stein namens Cheyava Falls entdeckte und die durch bakterielle Aktivität entstanden sein könnten. Für den Laien sehen sie aus wie Schimmel. Der Stein befindet sich in einem versteinerten Flusstal, das als besonders vielversprechende Stelle angesehen wird, um nach Hinweisen auf Leben zu suchen. Dort gibt es Unmengen von Felsen, aber nur Cheyava Falls hat diese Flecken. Zwar können sie auch von anorganischen Prozessen verursacht werden, doch

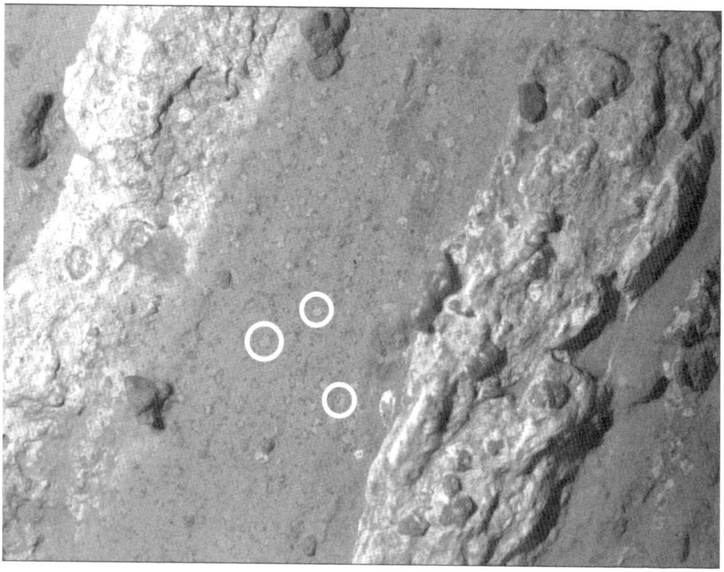

Die »Leopardenflecken« (weiß markiert), die der Rover *Perseverance* auf dem Marsfelsen Cheyava Falls entdeckte – ein starkes Indiz für frühes Leben auf dem Mars. Quelle: NASA.[2]

das erfordert hohe Temperaturen – und der Stein zeigt keine Anzeichen dafür, dass er in der Vergangenheit stark erhitzt wurde.

So weit der Stand der Dinge heute. Die Hinweise auf frühes Leben auf dem Mars mehren sich, aber das könnte auch einfach nur Wunschdenken sein. Nach den Erfahrungen des Autors kündigen sich wichtige Entdeckungen jedoch genau auf diese Art und Weise an: Wie bei Erdbeben gibt es zunächst Vorbeben, die immer stärker werden. So verdichten sich heute die Hinweise auf außerirdisches Leben – vielleicht gelingt der Forschung schon bald der entsprechende Nachweis.

Enceladus

Ein weiterer vielversprechender Kandidat für die Suche nach Leben ist der Jupitermond Enceladus, eine mit Wassereis bedeckte Kugel weit entfernt von der Sonne. Aus tiefen Spalten in seinem Frost sprüht ein feiner Nebel aus Eiskristallen. Dabei handelt es sich um gefrorenes Salzwasser. Die Wissenschaft ist der Auffassung, dass das Salz durch flüssiges Wasser aus dem Gestein herausgelöst wurde. Das heißt also, dass sich unter dem Eis ein Ozean aus Salzwasser erstrecken könnte. Die Wärme, die ihn oberhalb des Gefrierpunkts hält, wäre – gegeben, dass er tatsächlich existiert – höchstwahrscheinlich geothermischen Ursprunges: Enceladus wird von den Gezeitenkräften des Gasgiganten Jupiter, den er umkreist, ständig durchgewalkt und das erzeugt durch innere Reibung Wärme. Sollte sich die Vorstellung eines warmen Ozeans unter dem Eis bewahrheiten, würde dies gleichzeitig bedeuten, dass er sich seit Anbeginn des Sonnensystems dort befindet und sich darin durchaus Leben entwickelt haben könnte. Die Organismen müssten an die besonderen Bedingungen in der lichtlosen Tiefsee angepasst sein, aber Anpassung ist für Leben bekanntermaßen das kleinste Problem – man schaue nur in die Tiefe unserer irdischen Ozeane.

Die Sonde *Cassini* hat den Eisnebel durchflogen, mit ihren begrenzten Analysenmethoden untersucht und dabei im Eis Moleküle mit relativ großer Masse entdeckt, wie sie für organische Verbindungen typisch sind. Neben allen möglichen chemischen Elementen enthalten sie eine variable Zahl von Kohlenstoffatomen. Erneut stellen solche Daten starke Indizien dar, aber noch keinen Beweis. Dazu müsste ein Raumschiff zum Enceladus reisen und eine genaue Analyse der Eisnebel durchführen, wie sie nur mit einem voll ausgerüsteten Chemielabor möglich ist. Manche Forschende träumen von einer bemannten Mission, die den Ozean unter dem Eis, so er denn wirklich existiert, mit einem Tauchboot untersucht.

Aus den Spalten in der Eisschicht, die den angenommenen Salzwasserozean von Enceladus bedeckt, dringt ein feiner Nebel aus Eiskristallen, die komplexe organische Moleküle enthalten. Dieses Foto wurde im Jahr 2010 von der Sonde *Cassini* aufgenommen. Quelle: NASA.[3]

Ryugu und Bennu

Auf der Suche nach den Ursprüngen des Lebens hat die Wissenschaft Himmelskörper untersucht, von denen man glaubt, dass sie Überbleibsel aus der Entstehungszeit des Sonnensystems seien. Damals gab es noch keine Planeten, sondern nur Gesteins- und Eisbrocken, die die Sonne umkreisten, ähnlich den Ringen des Saturn. Sie kollidierten häufig miteinander und zerbrachen dabei in kleinere Bruchstücke, die sich dann aber durch die Schwerkraft wieder zu größeren Brocken zusammenfügten. Sowohl die Amerikanische Raumfahrtbehörde NASA als auch die Japanische Weltraumorganisation JAXA haben jeweils einen dieser Himmelskörper, die seit Jahrmilliarden auf stabilen Bahnen in der Nähe der Erde die Sonne umkreisen, angeflogen, Proben entnommen und auf der Erde im Labor untersucht. Man gab den beiden Asteroiden die Namen Ryugu und Bennu. Sie bestehen aus grobem Geröll, das nur lose durch die Eigengravitation zusammengehalten wird. Die chemische Analyse ergab Erstaunliches: In den Proben fanden sich alle wichtigen Bausteine des Lebens inklusive einiger Aminosäuren, aus denen beispielsweise Proteine bestehen; auch enthielten sie langkettige Kohlenwasserstoffe.

Allerdings wurde klar, dass es sich bei diesen Verbindungen zwar um die Urbausteine des Lebens handelt, sie aber selbst nicht die Produkte von Mikroorganismen sein können. Die Tatsache, dass linksdrehende und rechtsdrehende Moleküle mit gleicher Häufigkeit vorkommen, legt stattdessen einen anorganischen Ursprung nahe. Der Ausdruck »drehend« bezieht sich vereinfacht gesprochen auf die Eigenschaft, Licht, das sich durch eine chemische Substanz bewegt, für das bloße Auge unsichtbar in eine bestimmte Richtung zu lenken oder zu biegen. Dazu müssen die Moleküle »chiral« sein, das heißt in einer linken und einer rechten Version vorkommen. Das mag kompliziert klingen, ist aber eigentlich jedem Menschen vertraut, da unsere Hände diese Eigenschaft aufweisen: Die linke und die rechte sind spiegelbildlich aufgebaut, lassen sich jedoch nicht deckungsgleich übereinander bringen.

Doch wie hängt die Chiralität mit den Mikroorganismen in Ryugu und Bennu zusammen? Dazu muss man sagen, dass Lebewesen auf der Erde nur etwas mit linksdrehenden chiralen Molekülen anfangen können. Durch irgendeinen Prozess oder ein Ereignis wurde dies zu Beginn der Evolution so festgelegt. Wenn also in einer Probe linksdrehende und rechtsdrehende Moleküle im gleichen Maß vorhanden sind, können sie nicht durch Prozesse des Lebens entstanden sein. Die normale Chemie unter-

Der erdnahe Asteroid Bennu mit einem Durchmesser von rund 500 Metern. Er besteht aus locker gebundenen Gesteinsbrocken und ist ein Überbleibsel aus der Frühphase des Sonnensystems, in der es unzählige Kollisionen zwischen den die Sonne umkreisenden Planetesimalen gab. Quelle: NASA.[4]

scheidet nicht zwischen den beiden Varianten – das tun nur Lebewesen mit ihren komplexen Stoffwechselprozessen.

Die Evidenz von Ryugu und Bennu weist also in die Richtung, dass in den Gesteinsbrocken der protoplanetaren Scheibe des frühen Sonnensystems bereits alle molekularen Bausteine des Lebens existierten, diese aber durch anorganische Prozesse entstanden waren. Das deutet auf eine Art anorganische molekulare Evolution hin, die mit den einfachen chemischen Elementen und simplen Molekülen begann, die im interstellaren Gas, das später zu unserem Sonnensystem werden sollte, herumwirbelten. Die Komponenten stammen aus den Fusionsprozessen früherer Sonnengenerationen und damit aus einer Zeit lange vor der Entstehung des Sonnensystems. Am Beginn dieser Entwicklung standen die Elemente Wasserstoff und Helium aus dem Urknall, wie oben bereits beschrieben (siehe Appendix: »Nukleosynthese«).

Hinweise auf Leben außerhalb des Sonnensystems

Seit dem Jahr 2022 liefert das James-Webb-Weltraumteleskop spektakuläre Daten aus weit entfernten Regionen des Universums. Dabei soll es in noch größere Entfernungen vorstoßen als das berühmte Hubble-Weltraumteleskop. Aber das neue Gerät wird auch für die Untersuchung näherliegender Objekte eingesetzt. Weil es mit infrarotem Licht arbeitet, kann es ausgezeichnet Treibhausgase in den Atmosphären von Planeten vermessen. Der damit zusammenhängende Treibhauseffekt beruht darauf, dass eine Atmosphäre in eine Richtung für das sichtbare Sonnenlicht durchsichtig ist, aber die von der Oberfläche des Planeten zurückgeworfene Wärmestrahlung in die andere Richtung von bestimmten Gasen zurückgehalten wird. Dadurch entsteht ein Wärmestau und das System heizt sich auf. Typische Treibhausgase sind Wasserdampf, Kohlendioxid und Methan, aber es gibt auch exotische Moleküle, die den Treibhauseffekt in der Atmosphäre verstärken können. Um sie zu identifizieren, benutzt man ein Verfahren namens Infrarotspektroskopie: Vereinfacht gesprochen, wird dabei ein Untersuchungsgegenstand mit Infrarotlicht bestrahlt und danach geschaut, ob die Schwingung der darin enthaltenen Moleküle zu einer bestimmten Frequenz der Strahlung passen. Ist dies der Fall, absorbieren oder »verschlucken« sie die jeweiligen Wellenlängen. Trägt man die Ergebnisse auf einem Diagramm ab, entsteht eine Art »Fingerabdruck«. Dieses Verfahren hat noch andere Anwendungsgebiete als die Analyse von Treibhausgasen. Auf der Erde gibt es einige Moleküle, die nur aus Stoffwechselprozessen lebender Wesen stammen können. Gelänge ihr Nachweis in der Atmosphäre eines Exoplaneten, wäre das ein starkes Indiz für die Existenz außerirdischen Lebens.

Das James-Webb-Teleskop kann mit einer speziellen Technik dazu verwendet werden, in günstigen Fällen Infrarot-Absorptionsspektren von Exoplaneten aufzunehmen. Mittlerweile liegen uns eine Handvoll solcher Diagramme vor. Besonders häufig sind die untersuchten Planeten Gasriesen, weil es aufgrund ihrer Größe einfacher fällt, diese Art von Daten zu erheben. Im Jahr 2025 ist es aber gelungen, ein solches Spektrum von einer sogenannten Supererde aufzunehmen. Hinter dem imposanten Namen verbirgt sich ein großer Planet in der bewohnbaren Zone, auf dem es aufgrund der vermuteten Oberflächentemperatur flüssiges Wasser geben müsste. Ein besonders interessanter Fall ist der ungefähr 100 Lichtjahre entfernte K2-18b. Diese Supererde hat eine etwa achtmal größere Masse als die »normale« Erde; für Menschen wäre sie also aufgrund der um ein Vielfaches höheren Schwerkraft eine äußerst feindliche, ab einem gewissen Punkt sogar tödliche Umgebung. Aber im Ozean könnte man Leben finden.

Schon vor der Untersuchung mit dem James-Webb-Teleskop hatten Wissenschaftler vermutet, dass es sich bei K2-18b um einen Wasserplaneten handeln könnte. Man nennt solche Planeten auch hyzeanisch, weil sie eine wasserstoffreiche – auf Englisch »hydrogen-rich« – Atmosphäre haben und vollständig von einem Ozean bedeckt sind. Allerdings beruhten diese Hypothesen auf einer recht spärlichen Datenlage und diversen Computermodellen. Wesentlich konkreter ist die spektroskopische Aufnahme der Atmosphäre von K2-18b, die das James-Webb-Teleskop ermöglicht.

Im infraroten Wellenlängenbereich zwischen einem und fünf Mikrometern sind drei Absorptionsmaxima zu erkennen, die versuchsweise den Biomolekülen Dimethylsulfid und Dimethyldisulfid zugeordnet wurden. Diese Zuordnung ist nicht zwingend. Die drei breiten Maxima könnten auch durch die Absorption anderer Moleküle verursacht werden, insbesondere da es sich bei K2-18b um einen fremden Planeten mit unbekannter Atmosphäre handelt. Allerdings hatte die Fachwelt schon vor der Messung klar gesagt, dass es genau diese Moleküle in messbarer Konzentration in der Atmosphäre geben muss, wenn dort Leben, wie wir es kennen, im Ozean existiert.

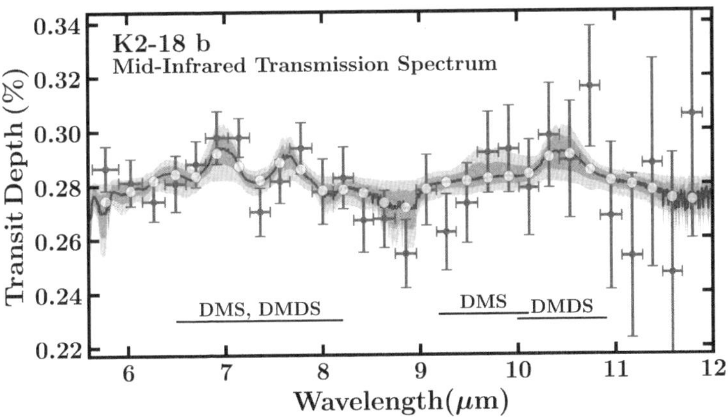

Absorptionsspektrum des Exoplaneten K2-18b. Die Punkte mit den Fehlerbalken sind die eigentlichen Messwerte, die Kurve ist eine theoretische Absorptionskurve einer Modellatmosphäre. Man beachte die drei Maxima bei 6,7, 7,5 und 10,5 Mikrometern, die auch in den Messwerten andeutungsweise erkennbar sind. Quelle: Madhusudhan et al. 2025.[5]

Es gibt viele Wenns und Abers in der Interpretation des Absorptionsspektrums von K2-18b. Dennoch werden die drei Maxima als Sensation gewertet, da sie einen starken Hinweis auf die Existenz außerirdischen Lebens darstellen. Immerhin hat man erst wenige Exoplaneten auf diese Weise untersucht und schon bei einer so kleinen Anzahl vielversprechende erste Ergebnisse zutage gefördert. Wie bereits erwähnt, kündigten sich bedeutende Entdeckungen in der Vergangenheit manchmal durch eine allmähliche Häufung von Hinweisen an. Wenn die verfügbaren Techniken denn ausreichen, folgen auf die Hinweise schließlich Beweise. Bis dahin bleibt nichts anders übrig, als abzuwarten und zu hoffen, dass die Forschung ungestört weitergehen kann.

Wo sind die Außerirdischen?

Der Mensch scheint ein grundlegendes Bedürfnis zu haben, einzigartig zu sein. Lange glaubte man, es gäbe nur einen Planeten wie die Erde. Dann glaubte man, es gäbe nur eine Sonne; und schließlich glaubte man, es gäbe nur eine Galaxie. Heute glaubt man, es gibt nur ein Universum und nur einen Planeten darin, der Leben trägt. Wahrscheinlich müssen auch diese beiden Überzeugungen der Einzigartigkeit letztlich wieder aufgegeben werden. Im Fall des Universums ist es ziemlich offensichtlich, da das Standardmodell der Kosmologie zu viele Unstimmigkeiten aufweist: Es kann den Urknall nicht erklären, es kann die Hauptbestandteile der »Substanz« des Universums nicht erklären und es kann dessen Feinjustierung nicht erklären. Zu viel deutet darauf hin, dass das Modell unvollständig ist und ergänzt oder ersetzt werden muss. Es kann gut sein, dass die Wirklichkeit weitaus mehr umfasst als nur das uns zugängliche Universum.

Ähnliches gilt für die Annahme der Einmaligkeit des Lebens. Die Berechnungen im Weltbild der klassischen Physik ergeben dermaßen geringe Wahrscheinlichkeiten für die Existenz von Leben, dass es eigentlich selbst auf der Erde keines geben dürfte. Nun wissen wir aber, weil es uns gibt, dass das nicht stimmt – was diese Berechnungen in ein wenig überzeugendes Licht rückt. Die oben diskutierten Hinweise auf die mögliche Existenz außerirdischen Lebens lassen vermuten, dass sein Vorkommen im Universum keine Seltenheit ist. Damit sind wir bei einem der drei Postulate angekommen, die diesem Buch zugrunde liegen. Nehmen wir das also einmal an: Es gibt jede Menge Exoplaneten und auf allen, auf denen einigermaßen annehmbare Bedingungen herrschen, hat sich Leben entwickelt.

Auf der Erde fand sich die ersten paar Milliarden Jahre, nachdem sie sich geformt hatte, nur einfaches Leben in den Ozeanen. Ausgehend von der bisherigen Datenlage über Exoplaneten ist es wahrscheinlich, dass darunter einige hyzeanische Planeten sind. Dort könnte eine ähnliche Entwicklung wie in den ersten vier Milliarden Jahren der Erdgeschichte abgelaufen sein. Sie begann mit Organismen, die mittels Photosynthese Kohlendioxid, das vermutlich auf vielen Exoplaneten eine Hauptkomponente der Atmosphäre ist, und Wasser unter Zufuhr von Lichtenergie zu Kohlenhydraten und Sauerstoff verarbeiteten. Erstere brauchen sie für ihren Stoffwechsel, Letzteren geben sie in die Atmosphäre ab. In der Folge steigt der Sauerstoffgehalt im Laufe der Zeit an. Das war eine wichtige Voraussetzung für die Entwicklung höheren Lebens und der menschlichen Zivilisation auf der Erde; eine andere war die Existenz von Kontinenten. Wenn die meisten hyzeanischen Planeten vollständig mit Wasser bedeckt sind, sodass es auf ihrer Oberfläche kein festes Land gibt, stellt sich die Frage, ob sich dort eine fortschrittliche Zivilisation entwickeln kann. Die Nutzung von Elektrizität wäre jedenfalls ausgeschlossen, und ohne Elektrizität sind keine komplexen Technologien möglich. Festland ist also eine notwendige Bedingung für Zivilisation. Die Kontinente auf der Erde gehen auf die Plattentektonik zurück.

Ähnliche Vorgänge sollten auch auf jedem anderen Gesteinsplaneten ablaufen, solange sein Kern noch nicht ausgekühlt ist. Liegt der Wasserspiegel also nicht über den höchsten tektonischen Gebilden, gibt es festes Land und dann müsste die Entwicklung ähnlich wie auf der Erde hin zu höherem Leben und schließlich einer Zivilisation abgelaufen sein – jedoch wahrscheinlich wie auch in unserem Fall extrem langsam.

Faszinierend ist vor dem Hintergrund dieser Überlegungen die Tatsache, dass etliche Sonnensysteme deutlich älter sind als unseres. Nicht nur liegen einige ihrer Planeten in der bewohnbaren Zone, sondern sie befinden sich dort teils seit bis zu acht Milliarden Jahren. Eine mögliche Zivilisation hätte also eine weitaus längere Zeit für ihre Entwicklung zur Verfügung gehabt. Die Frage drängt sich auf: Warum haben sie sich noch nicht bei uns gemeldet?

Darauf gibt es eine Vielzahl an möglichen Antworten. Beispielsweise wäre es möglich, dass sich Zivilisationen nach Erreichen eines ausreichend hohen Entwicklungsstandes mit hoher Wahrscheinlichkeit irgendwann vernichten, indem sie ihren Planeten in eine atomare Wüste verwandeln. Das ist eine gängige Überlegung auf Basis der Erfahrungen mit unseren eigenen Kriegen. Ein einfacherer Grund wäre, dass sie uns schlicht noch nicht bemerkt haben. Nehmen wir einmal an, die nächste einigermaßen hochentwickelte Zivilisation, die über Radioantennen und Laser verfügt, befindet sich in 100 Lichtjahren Entfernung; etwa so weit von uns weg wie K2-18b. Das entspricht immer noch unserer unmittelbaren kosmischen Nachbarschaft, und es wäre wirklich ein Glücksfall, wenn sich so nahe bei der Erde eine andere Zivilisation entwickelt hätte. Dann müsste sie nämlich auch ungefähr gleichzeitig oder früher den Entwicklungsstand der Menschheit erreicht haben. Nehmen wir an, das wäre der Fall. Dann würden sie heute ähnlich wie wir mit Radioteleskopen nach Signalen anderer Intelligenzen suchen. Aber die Erde, die sie dabei »sehen«, würde keine derartigen Signale aussenden, da das Licht 100 Jahre benötigt, um die Distanz zu überbrücken. Das ist die Definition eines Lichtjahres. Sie würden also die Erde von vor 100 Jahren sehen. Damals gab es zwar schon Radio, aber die Sender waren bei Weitem zu schwach, um diese enorme Distanz zu überbrücken.

Wenn unsere außerirdischen Nachbarn also nicht über ein nach dem derzeitigen Wissensstand unmögliches Science-Fiction-Teleskop verfügen, das eine direkte Observation der Oberfläche eines anderen Planeten ermöglicht, können sie nicht wissen, dass es uns gibt. Sie würden die Erde für einen der vielen Exoplaneten halten, der über Meere und eine interessante Atmosphäre verfügt, aber unsere Existenz bliebe ihnen verborgen. Selbst wenn sie heute sehen könnten, dass sich auf der Erde um 1926 herum eine Hochzivilisation entwickelte, würden uns die ersten Kontaktversuche unserer Nachbarn erst in 100 Jahren, also 2126, erreichen.

Die klassische Physik und die geringe Wahrscheinlichkeit von Leben

Wäre es angesichts der obigen Überlegungen wirklich denkbar, dass sich außer auf der Erde nirgendwo Leben entwickelt hat? Die klassische Physik kennt das bereits vorgestellte Naturgesetz, nach dem sich ein isoliertes System von selbst nur in Richtung größerer Unordnung und geringerer Komplexität entwickelt; demzufolge kann Leben auf gar keinen Fall von allein oder durch Zufall entstehen. Das Gesetz vom ewigen Anstieg der Entropie lässt es als unwahrscheinlich erscheinen, dass die Suche nach extraterrestrischem Leben von Erfolg gekrönt sein wird.

Auf der Basis des klassischen Weltbildes versucht die Wissenschaft, die Wahrscheinlichkeit für die Existenz außerirdischen Lebens zu berechnen. Ein bekanntes Beispiel dafür ist die Drake-

Gleichung, die bezweckt, die Anzahl intelligenter Zivilisationen in unserer Galaxie abzuschätzen. Dafür nimmt sie an, dass die Evolution auf anderen Planeten ähnlich wie hier auf der Erde verläuft. Verschiedene Berechnungen kommen zu extrem unterschiedlichen Ergebnissen. Die Resultate variieren zwischen einer und vier Millionen Zivilisationen in unserer Galaxie. Nimmt man das äußere Extrem, müssten doch zumindest einige davon in unserer kosmischen Nähe sein. Entspräche diese optimistische Berechnung grob der Wahrheit, müssten wir in Bälde etwas von ihnen hören – wenn nicht schon gehört haben.

In diesem Zusammenhang hat der Physiker Enrico Fermi eine Reihe an Überlegungen angestellt, die heute als Fermi-Paradoxon bezeichnet werden. Zunächst geht er davon aus, dass es zumindest einige intelligente Zivilisationen in unserer Galaxie gibt, die sehr viel älter sind als die unsere. Dann wäre es zu erwarten, dass sie irgendeine Art von interstellarer Raumfahrt oder zumindest Kommunikation entwickelt haben. Also müssten sie irgendwie bereits mit uns in Kontakt getreten sein – doch dem ist nicht so und das ist merkwürdig. Inzwischen liegen neuere Berechnungen für die Wahrscheinlichkeit der Existenz anderer intelligenter Zivilisationen vor. Deren Ergebnisse fallen so gering aus, dass es genau genommen nicht einmal uns Menschen geben dürfte. Hier ein Zitat aus einer solchen Publikation aus dem Jahr 2018: »Wenn das Modell so umgestaltet wird, dass es realistische Unsicherheitsverteilungen abbildet, finden wir eine erhebliche Wahrscheinlichkeit dafür, dass es in unserem beobachtbaren Universum kein anderes intelligentes Leben gibt.«[6]

Die Menschen sind zu allen Zeiten von ihrer Einmaligkeit überzeugt gewesen. Lange dachten sie, es gäbe nur eine Erde, um die sich die Sonne und die anderen Planeten drehen, bis Denker wie Copernicus und Galilei sie eines Besseren belehrten. Dann waren sie überzeugt, es gäbe nur eine Sonne, bis sie schließlich entdeckten, dass die hellen Punkte am Nachthimmel ebenfalls Sonnen sind. Dann glaubten sie, es gäbe nur ein Planetensystem, bis uns moderne Teleskope zeigten, dass fast jeder Stern von Planeten umkreist wird. Dann meinten sie, es gäbe nur eine Galaxie, bis Edwin Hubble beweisen konnte, dass jenseits der Milchstraße Hunderte von Milliarden von Galaxien mit jeweils Hunderten von Milliarden Sternen mit Aberhunderten von Milliarden Planeten existieren. Nun geht man davon aus, dass auf all diesen Planeten kein Leben existieren soll – und wenn doch, dann zumindest kein intelligentes.

Es gibt einfachere Gründe, warum wir von anderen Zivilisationen noch nichts gehört haben. Die Schwierigkeit könnte wie oben ausgeführt in den gewaltigen Distanzen liegen, oder an der enormen Zahl von Planeten in der Galaxie. Wir müssen nicht auf weitreichende Hypothesen wie die automatische Selbstvernichtung hochentwickelter Zivilisationen oder gar die Unmöglichkeit der Entwicklung von Leben zurückgreifen. Bleiben wir bei den einfachen Erklärungen. Zwar lässt sich die Möglichkeit nicht ganz ausschließen, dass wir wirklich so einmalig sind, wie es die Menschen schon immer glauben wollten. Aber die Erfahrung spricht zumindest dagegen.

Das erste Postulat

Im klassischen Weltbild der Physik glaubt man – ähnlich wie in vielen Religionen –, dass es sich beim Menschen um das einzige intelligente Lebewesen im gesamten Kosmos handelt, und das trotz dessen endloser Weite und der unfassbar großen Zahl an Galaxien, Sonnen und Planeten. In den letzten Jahren mehren sich im Widerspruch dazu und ungeachtet der gewaltigen technischen Schwierigkeiten die Hinweise, dass außerirdisches Leben existiert. Ein echter Beweis ist noch nicht erbracht, doch die Indizien werden mehr und mehr. So kündigten sich in der Vergangenheit wichtige Entdeckungen an: Ähnlich wie bei einem Erdbeben gibt es erst viele kleine Vorbeben, bis schließlich etwas Großes passiert. Das Gedankengebäude, das in diesem Buch errichtet wird, ruht auf drei Postulaten und der anscheinenden Feinjustierung des Universums für das Leben. Postulate sind unbewiesene Annahmen, aber sie erscheinen plausibel. Das erste von ihnen lautet:

Das Universum ist voller Leben.

II. Das verallgemeinerte Evolutionsgesetz

Es gibt im Englischen die halb scherzhaft und halb ernst gemeinte Unterscheidung in »life science« und »dead science«, also einerseits in die Wissenschaft vom Leben, die Biologie, und andererseits in die tote Wissenschaft, die Physik. Tatsächlich ist diese Unterscheidung recht zutreffend: Die Physik hat, wie oben beschrieben, mit der Existenz von Leben und vor allem den damit zusammenhängenden Wahrscheinlichkeiten Probleme. Die Biologie wiederum hat Probleme mit der Physik. Einige ihrer Vorhersagen scheinen nämlich für das Leben nicht zu gelten. Da wäre zum Beispiel das Naturgesetz von der ewigen Zunahme der Entropie, nach dem alle sich selbst überlassenen Systeme mit der Zeit altern und sterben müssen.

Beide Fachgebiete haben aber gemein, dass sie über keine etablierte Erklärung für die Entstehung des Lebens verfügen. Der Theorie der präbiotischen Evolution zufolge ist das Leben durch Selbstorganisation von Kettenmolekülen in einer Ursuppe entstanden, in der die benötigten Bausteine in ausreichender Menge vorhanden waren. Doch Computersimulationen ergeben eine extrem geringe Wahrscheinlichkeit dafür, dass sich auf diese Art spontan komplexere Biomoleküle bilden, die sich noch dazu selbst vermehren können. Auch dem Entropiesatz zufolge ist die Entstehung einer informationstragenden Anordnung von Nukleotiden auf dem Strang einer Erbsubstanz extrem unwahrscheinlich. Die Biologie möchte mit dieser Theorie erklären, wie das Leben auf der Erde entstanden sein könnte – doch aus der Sicht der klassischen Physik wäre das so, als würde man erwarten, dass sich in einer Buchstabensuppe spontan ein lesbarer Satz formt: zwar nicht unmöglich, aber extrem unwahrscheinlich. Durch reine Zufallsprozesse kann das Leben wohl nicht entstanden sein.

Die scheinbare Unvereinbarkeit von Biologie und Physik ist ein Hinweis darauf, dass etwas fehlt oder nicht stimmt, denn letztlich beschreiben beide Wissenschaften ein und dasselbe: die Natur. Bei genauerer Betrachtung wird die scharfe Trennung zwischen »life science« mit der Evolution des Lebens und »dead science« mit der ewigen Zunahme der Entropie immer mehr verschwimmen und schließlich verschwinden. Der Schlüssel dazu ist die Annahme, dass es auch Evolutionsprozesse in der unbelebten Natur gibt.

Evolution in der Biologie

Das Problem der Entstehung eines ersten Lebewesens besteht zwar noch, aber immerhin ist inzwischen geklärt, wie die Evolution zu immer höher entwickelten Lebewesen funktioniert und wie sie es schafft, das Naturgesetz von der ewigen Zunahme der Entropie zu umgehen. Das Prinzip scheint auf den ersten Blick einfach zu sein. Man beginnt mit einem System, also konkret einem Lebewesen, das in der Lage ist, sich selbst zu kopieren; etwa ein Einzeller durch Zellteilung. Die Zelle schnürt sich in der Mitte ein und verdoppelt alle Organellen – das Zell-Äquivalent von Organen – in ihrem Innern. Schließlich trennt sie sich entlang der Einschnürung in zwei nahezu identische Einzeller.

Das Entscheidende ist aber nicht die Trennung selbst oder die Verdoppelung der Organellen. Der für die Evolution kritische Teil findet bei der Verdoppelung der Erbsubstanz statt. Bereits in einem Bakterium ist das ein ziemlich komplizierter Vorgang. Ihm zugrunde liegt die Eigenschaft der Kettenmoleküle der Erbsubstanz, sich von Doppelsträngen in Einzelstränge teilen zu können (siehe Appendix: »DNA«, »RNA«). Man stelle sich eine Leiter vor, die in der Mitte jeder Sprosse in zwei halbe Leitern geteilt und dann wieder vervollständigt werden. Am Ende hat man zwei Leitern. Das ist das Grundprinzip des Lebens.

Die Verdopplung der Erbsubstanz erfordert eine Umgebung, in der viele freie Nukleinbasen – die molekularen Bausteine der Leitersprossen –, in wässriger Lösung herumschwimmen. Dann geschieht der Prozess der Verdopplung mit ausreichend viel Zeit und bei der richtigen Temperatur fast von selbst. In modernen Zellen gibt es allerhand Enzyme, die wie Kopierroboter den Prozess beschleunigen und Fehler korrigieren. Denn Kopien sind selten perfekt. Immer wieder kommt es zu Fehlern, die fatale Konsequenzen nach sich ziehen – oder einen Fortschritt für die nächste Generation bedeuten.

Bei jedem Kopierprozess der Erbsubstanz besteht die Chance einer Veränderung derselben, weil die chemischen Vorgänge, auf der die Verdopplung beruht, nicht perfekt funktionieren. Wären sie fehlerfrei, gäbe es keine Evolution. Beim Kopieren wird also ab und zu der Bauplan selbst verändert. Das Lebewesen der nächsten Generation unterscheidet sich dann etwas von seinen Eltern. Nun greift die Selektion ein. Ist die Veränderung günstig für das Überleben, wird sich der mutierte Organismus weiter vermehren oder in seinem Lebensraum ausbreiten, ist sie dagegen ungünstig, wird er sterben. Damit geht auch die Mutation verloren. Über lange Zeiträume hinweg hat dieses Wechselspiel aus Mutation und Selektion zu einer Weiterwicklung ausgehend vom Einzeller bis hin zum Menschen geführt. Dabei sind allerdings mehr als drei Milliarden Jahre vergangen. Erst zum Schluss ging es etwas schneller: Die Entwicklung der menschlichen Intelligenz hat weniger als drei Millionen Jahre gedauert.

Warum geht die biologische Evolution in der Gesamtschau anscheinend immer in Richtung komplexerer Lebewesen? Eigentlich müsste sie einen gegebenen Organismus doch nur so lange verändern, bis er perfekt an seine jeweilige Umgebung angepasst ist – und dann stehen bleiben. Tatsächlich geschieht dies auch, wie man anhand von lebenden Fossilien wie dem Pfeilschwanzkrebs oder dem Quastenflosser sieht. Beide existieren seit mehr als 400 Millionen Jahren in nahezu unveränderter Form. Das ist eine unfassbar lange Zeit, in der unzählige andere Arten entstanden und wieder verschwunden sind. Der evolutionäre Erfolg der lebenden Fossilien lässt sich in der Tat durch ihre perfekte Anpassung an ihren Lebensraum erklären. Sobald der Selektionsdruck gegen null geht, sind keine weiteren Adaptionen mehr nötig.

Selektionsdruck entsteht durch verschiedene Umweltfaktoren: Nahrungsmangel, Fressfeinde, Klimaveränderungen oder Konkurrenzdruck innerhalb der eigenen Art, um nur einige Beispiele zu nennen. Ein hoher Selektionsdruck zwingt zur raschen Evolution, und das bedeutet in den meisten Fällen eine Höherentwicklung. Nehmen wir ein Beispiel aus der menschlichen Gesellschaft. Der Hauptfaktor des Selektionsdrucks war und ist der Konkurrenzdruck innerhalb der eigenen Art – mit anderen Worten, Krieg. Heute wäre eine Nation, die noch zu Pferde mit Pfeil und Bogen kämpft, dem Untergang geweiht. Auch die weitaus komplizierteren Musketen und Kanonen, die damals die Kriegsführung revolutionierten, sind mittlerweile veraltet. Stattdessen bestimmen Panzer, Raketen, Kampfjets und halb intelligente

Drohnen den Ausgang moderner Konflikte. Ähnliches ist über Jahrmilliarden in der Evolution geschehen. Sie verlief praktisch ausnahmslos in Richtung höherer Komplexität. 99,9 Prozent aller Arten, die jemals existierten, sind ausgestorben. Würden sie heute wiedererweckt werden, hätten sie keine Chance, zu überleben. Den Angriffen durch moderne Viren und Bakterien wäre ihr veraltetes Immunsystem nicht gewachsen.

Die Evolution findet also nicht nur auf der uns sichtbaren makroskopischen Ebene statt, sondern auch auf der Mikroebene der Zellen. Die sogenannten Eukaryoten, aus denen etwa unser Körper besteht, sind hochkomplizierte Nanomaschinen mit einem reichen Innenleben. Sie befinden sich über das Immunsystem im ständigen Krieg mit Gefahren wie Viren und Bakterien. Auch diese angreifenden Lebewesen entwickeln sich immer weiter, denn ihr evolutionärer Erfolg besteht in der Infektion eines Wirts, um sich in ihm vermehren und auf seine Artgenossen ausbreiten zu können. Vorgänge wie diese befeuern eine Höherentwicklung der gesamten Biosphäre auf allen Ebenen, von der Nanoebene der Viren bis hin zur Makroebene der Tiere und Menschen. Der entscheidende Mechanismus ist dabei das Wechselspiel aus Mutation und Selektion.

Leben ist Stoffwechsel

Wir haben im Kontext der Zeit bereits kurz angeschnitten, inwiefern Lebewesen dem Gesetz vom ewigen Anstieg der Entropie trotzen. Wir erinnern uns, dass Energie die Währung der Natur ist, um Ordnung zu erkaufen. Daher kann Leben nur in Umgebungen existieren, die von Energie durchflossen werden. In unserem Fall übernimmt diese Rolle das Sonnenlicht, das in der Form hochenergetischer kurzwelliger Strahlung in unsere Biosphäre strömt. Da die Energie des Systems erhalten bleiben muss, wird sie von der kalten Erdoberfläche wieder zurück ins Weltall abgestrahlt. Dabei verändert sich jedoch die Wellenlänge des Sonnenlichts – stark vereinfacht – von »geordneter« kurzwelliger zu »ungeordneter« langwelliger Wärmestrahlung. In Folge steigt die Entropie im System aus Sonne, Erde und Weltall an. Das Naturgesetz wird also nicht verletzt. Doch lokal kann die Entropie nun sinken und Leben entstehen. Der Prozess ähnelt einer Handelstransaktion: Die Erde importiert Energie mit niedriger Entropie von der Sonne, benutzt sie vor Ort, um Komplexität zu erschaffen, und exportiert dann Energie mit hoher Entropie ins Weltall. Die entropische Bilanz, wenn man so will, ist insgesamt positiv – wie ein Zins, den unser Planet auf die Voraussetzungen zahlt, um Leben hervorzubringen und zu erhalten. Diese Transaktion ist aber keineswegs zwingend. Denn auf den meisten anderen Planeten im Sonnensystem hat sich trotz der Sonnenstrahlung kein Leben entwickelt.

Lebewesen sind also lokale Bereiche in der Raumzeit, in denen die Entropie sinkt; zumindest so lange Energie zufließt. Das gilt für jede einzelne Zelle in unserem Körper und deshalb sterben wir rasch, wenn beispielsweise die Sauerstoffzufuhr unterbrochen wird. Unsere Körper sind Verbrennungsmaschinen, die Proteine, Fette und Kohlenhydrate mit dem Sauerstoff der Luft zu Kohlendioxid verarbeiten. Die primäre Energiequelle des Lebens auf der Erde ist die Sonne, die die für den Stoffwechsel der Pflanzen notwendige Energie in Form von Strahlung liefert. Grünpflanzen, die Photosynthese betreiben, werden auch »primary producers« genannt, weil nur sie nicht darauf angewiesen sind, andere Lebewesen zu verspeisen. Sie leben allein von Luft und Sonne sowie einigen Mineralien und Wasser aus dem Boden. Es ist also bei Weitem nicht damit getan, dass ein Organismus seinen eigenen Bauplan kopieren kann, sondern er muss auch noch über eine Energiequelle verfügen, die seine Lebensprozesse am Laufen hält. Ohne sie können Ordnung und Komplexität nicht entstehen.

Der Dreiklang »Energie-Information-Entropie«

Energie hoher Qualität wie Sonnenstrahlen ist die Währung der Natur, mit der sich Ordnung entgegen der generellen Tendenz zur Unordnung und damit entgegen der Zunahme der Entropie erkaufen lässt. Einzig auf diese Weise kann Leben entstehen und sich zu größerer Komplexität entwickeln. Doch das Licht der Sterne, das es in verschwenderischer Menge im Universum gibt, *ermöglicht* nur die Ausbildung von Ordnung, es garantiert sie nicht. Dazu bedarf es Information. Wenn man das Problem der Entstehung eines ersten Lebewesens ausblendet, wird damit die biologische Evolution in ihren Grundzügen auch aus Sicht der klassischen Physik verständlich.

Der fundamentale Faktor ist der Stoffwechsel. Jedes Lebewesen macht Sonnenlicht oder die chemische Energie, die Pflanzen daraus erzeugen, für sich nutzbar, pflanzt sich fort und gibt dabei seine Erbsubstanz weiter. Im Wechselspiel von Mutation und Selektion haben sich über lange Zeiträume hinweg immer komplexere Organismen bis hin zum Menschen entwickelt. Unsere Intelligenz befähigt uns, die Umwelt aktiv an unsere Bedürfnisse anzupassen. Diese Eigenschaft ist bei Tieren nicht oder nur rudimentär vorhanden. Deshalb haben wir ihr unseren Status als erfolgreichste Spezies auf dem Planeten zu verdanken.

Wie das Leben entstanden sein könnte

Die Notwendigkeit einer Energiequelle erschwert die Suche nach einer Antwort auf die Frage, wie das Leben entstanden ist, nochmals erheblich. Zwar erscheint die Idee, dass am Anfang selbstkopierende, relativ kurze RNA-Stränge standen, auf den ersten Blick bestechend, doch erklärt sie nicht, was diese chemischen Prozesse angetrieben haben könnte. In modernen Zellen sind die Prozesse, die die Energie für die Stoffwechselabläufe bereitstellen, hochkomplex – zu komplex, um rein zufällig entstanden zu sein. Was also stieß den Kopierprozess in der RNA-Welt (siehe Appendix) zuallererst an? Es muss so etwas wie einen Ur-Prozess des Energieverbrauchs gegeben haben, der extrem einfach war, denn Komplexität kann erst mit der Zeit aus einfachen Anfängen heraus entstehen.

Ein Erklärungsansatz basiert auf den Temperaturunterschieden zwischen Tag und Nacht in flachen Meereszonen. Er geht davon aus, dass die nächtliche Abkühlung von seichten Tümpeln mit einer hohen Konzentration von Nukleinbasen, den Bausteinen der RNA-Stränge, bewirkte, dass diese sich zu Ketten zusammenlagerten. Dabei bildete sich im wahrsten Sinne des Wortes ein Ur-Schleim, denn durch die langen Fäden wird die Flüssigkeit viskos. Erwärmt sich das Wasser tagsüber wieder, fallen die Ketten auseinander. Nur diejenigen, die etwas stabiler waren, überstanden die zyklischen Temperaturwechsel. Sollte dabei zufällig eine Kette entstanden sein, die durch ihre besondere Form die Bildung ähnlicher Stränge begünstigte, wäre das ein erster Kopierprozess gewesen.

Temperaturunterschiede bedeuten in der Physik immer die Möglichkeit, nutzbare Energie zu gewinnen. Streng genommen wird sie nicht gewonnen oder erzeugt, denn sie bleibt immer erhalten. Aber Temperaturunterschiede erlauben die Umwandlung eines Teils der Wärmeenergie in mechanische Arbeit oder elektrischen Strom wie in einem Kohlekraftwerk – oder eben die Synthese komplexer Moleküle. In wechselwarmen Küstengewässern könnte so das Leben entstanden sein. Die Tatsache, dass nur wenig Energie zur Verfügung stand, erklärt, warum der Prozess einige Millionen Jahre gedauert hat. Doch irgendwann »zündete« das Leben: Sobald eine Kette sich erst einmal selbst kopieren konnte, verbreitete sie sich rasch. Ihre spezifische Form, die ihr diese Eigenschaft verlieh, hing von der Abfolge ihrer Nukleotide – den Bausteinen der Erbsubstanz – ab. Das bedeutet, dass die erste RNA-Kette mit der Fähigkeit, sich selbst zu kopieren, Information trug: nämlich die, wie eine RNA-Kette aufgebaut sein muss, damit sie sich selbst kopieren kann. Diese Information gab sie durch den Kopierprozess, der zunächst vielleicht in simpler Anlagerung freier Nukleinsäuren im Tümpel bestand, an die nächste Generation weiter.

Leben ist Information

Das Erstellen einer Kopie setzt einen »Bauplan« des Originals, hier also eines Lebewesens, voraus. Beim Fortschreiten der Evolution wird dieser ständig optimiert und zunehmend komplexer. Die Informationen über etwaige Verbesserungen müssen für die nächsten Generationen erhalten bleiben. Evolution – und damit Leben – wäre ohne Information und eine Möglichkeit, diese zu speichern, nicht denkbar, ebenso wenig wie Information ohne Leben nicht denkbar wäre. Man könnte sogar provokant formulieren, dass das Leben Information »ist«. So weit müssen wir nicht gehen. An dieser Stelle reicht uns die Einsicht, dass die beiden Konzepte eng miteinander verknüpft sind. Fände man auf einem außerirdischen Planeten ein Buch, würde dies keinen anderen Schluss zulassen, als dass es dort Leben gegeben haben muss. Später im Buch werden wir sehen, dass es auch in der unbelebten Natur Information gibt, aber diese Erkenntnis geht bereits über die klassische Denkweise hinaus.

Jedes Lebewesen hat Vorfahren, von denen es seinen Bauplan geerbt hat. Dieser ist auf dem Molekül der Erbsubstanz in der Abfolge der Nukleotide kodiert, aus denen die Kette besteht. Sie sind ihrerseits jeweils aus einem Zucker, einer Phosphatgruppe und einer Nukleinbase aufgebaut. Letztere wird mit dem Anfangsbuchstaben ihres wissenschaftlichen Namens abgekürzt: Adenin, Guanin, Cytosin und Thymin beziehungsweise – in der RNA – Uracil. Die Basen bilden den variablen Bestandteil der Nukleotide. Damit sind sie das »Alphabet«, mit dem der Text des

Bauplans geschrieben ist. Gelänge es beispielsweise wie im Hollywoodfilm *Jurassic Park*, die Erbsubstanz ausgestorbener Tiere zu rekonstruieren, wäre es im Prinzip möglich, sie wieder zum Leben zu erwecken. Mit Dinosauriern würde das zwar nach heutigem Wissen nicht funktionieren, weil die Nukleinbasen über Millionen von Jahren degradieren, aber den Neandertaler oder das Mammut könnte man wiedererwecken. Sie sind erst vor wenigen Jahrtausenden ausgestorben.

So wichtig sie für das Leben auch sein mag, gibt es nach dem Weltbild der klassischen Physik keine Information in der unbelebten Natur. Der Grund dafür scheint naheliegend: Information benötigt sowohl einen Sender als auch einen Empfänger und die kennt die unbelebte Natur nicht. Aus dieser Auffassung heraus erwächst das Problem der Entstehung des Lebens: Eine anorganische Evolution ausgehend von einfachen Molekülen wäre eine Evolution ohne Information und ohne Bauplan. Das läuft dem Begriff zuwider: Evolution bedeutet nämlich ihrer Definition nach, dass ein Bauplan von Generation zu Generation verbessert wird. Unserer Analyse zufolge war die Reihung der Nukleinbasen in den Ur-Molekülen des Lebens bereits ein Informationsspeicher. Sie konnten sich selbst kopieren und die Information, wie die Kopie aussehen musste, bestand in ihrer eigenen molekularen Struktur.

Etwas, das funktioniert, trägt die Information, wie seine Funktion ermöglicht wird, in sich selbst. Im Fall der Kettenmoleküle ist dies die Abfolge der Nukleinbasen, denn sie bestimmt auch die äußere Form des Strangs. Stimmt die Theorie, wäre das die erste Information über eine Art minimalistisches Lebewesen. Aus physikalischer Sicht ist es nur ein Molekül, das sich aber selbst kopieren kann, wenn von außen Energie zugeführt wird. Dies könnte zum Beispiel über die oben erwähnten Temperaturunterschiede zwischen Tag und Nacht in flachen Tümpeln geschehen sein.

Wenn aber diese frühen einfachen Moleküle bereits Information speicherten, führt das zu einem weiteren Problem. Dann muss es nämlich zu einem bestimmten Zeitpunkt plötzlich zum ersten Mal Information auf der Erde gegeben haben. Sie wäre dann sozusagen aus dem Nichts heraus entstanden – was einem weiteren Naturgesetz, dem wir uns später widmen wollen, widerspricht. Information kann ähnlich wie Energie nicht zerstört oder erschaffen werden.

In der belebten Natur entstehen mit der Zeit immer komplexere Lebewesen. Der Grad an Komplexität in einem Biotop steigt mit der Zeit ebenfalls. Um das Phänomen überhaupt zu bemerken, sind allerdings große Zeiträume notwendig, denn die Veränderungen von Generation zu Generation fallen zu gering aus, um sie zu registrieren. Aber wenn wir die Möglichkeit ausschließen, dass das Leben durch ein höheres Wesen aus dem Nichts geschaffen wurde, muss es einen kontinuierlichen Übergang aus der unbelebten Natur in die belebte Natur gegeben haben. Das gilt unabhängig vom jeweiligen Weltbild. Dann kann jedoch die scharfe Trennung in belebte und unbelebte Natur nicht richtig sein. Ein kontinuierlicher Übergang verträgt sich nicht mit einer harten begrifflichen Grenze. Die Lösung ist, dass es auch in der unbelebten Natur Information und Evolution gibt.

Was kommt als Nächstes in der biologischen Evolution?

Wird die biologische Evolution noch weitergehen – und wenn ja, wohin wird sie führen? Zum Evolutionsgesetz der belebten Natur, demzufolge sich Arten durch das Zusammenspiel von Mutation, Selektion und Vererbung immer besser an ihre Umwelt anpassen, gehört auch die Tatsache, dass die Zukunft des Prozesses, also welche Spezies mit welchen Fähigkeiten künftig existieren werden, nicht vorhersagbar ist. Damit unterscheidet es sich von den Naturgesetzen der Physik, die eine gewisse Notwendigkeit und deshalb auch Vorhersagekraft mit sich bringen.

Besonders deutlich wird dies anhand von Entwicklungssprüngen. Als zu Beginn nur Einzeller existierten, war es nicht möglich, davon ausgehend die Existenz von Vielzellern vorherzusehen. Die Evolution machte einen Sprung zu einer höheren Entwicklungsstufe. Von einer unteren Stufe aus gesehen lässt sich dabei nicht erkennen, was auf der nächsthöheren geschehen wird. Der vorerst letzte solche Sprung war die rund drei Millionen Jahre andauernde Entwicklung der Intelligenz des Menschen.

Grundsätzlich ist die Evolution vermutlich nach oben unbegrenzt. Wir Menschen können uns zwar kein noch höher entwickeltes Leben vorstellen, aber das hätte für alle Entwicklungsstufen der Vergangenheit gegolten, vorausgesetzt, sie wären in der Lage gewesen, auf diese Weise über die Zukunft nachzudenken. Ein Tier kann Intelligenz nicht ermessen oder verstehen, welchen Sinn ein Buch hat. Geht es uns mit den möglicherweise existierenden höherentwickelten Zivilisationen in unserer Galaxie genauso? Das wäre ebenfalls eine Antwort auf die Frage, warum wir noch nichts von ihnen gehört haben. Vielleicht leben sie in einer Gedankenwelt, an der unsere heutige Vorstellungskraft versagt, oder in höheren Raumdimensionen, die unser Geist ebenso wenig erfassen kann, wie der Geist eines Hundes den Sinn von *Schuld und Sühne* erfassen kann.

Jedenfalls können wir auf unserer heutigen Evolutionsstufe nicht wissen, was auf der nächsten kommen wird. Dass die Entwicklung des Lebens auf der Erde noch nicht abgeschlossen ist, scheint plausibel. Denn in den Milliarden Jahren der Vergangenheit folgte immerzu Stufe auf Stufe. Deshalb wäre es vermessen anzunehmen, dass nun ausgerechnet bei uns Schluss ist. Wir könnten von uns aus beschließen, auf jede Weiterentwicklung zu verzichten und in dem Zustand zu verharren, in dem wir uns im Augenblick befinden. Dann würden wir zu lebenden Fossilien werden, ähnlich den Pfeilschwanzkrebsen und Quastenflossern. Die Natur neigt allerdings dazu, Organismen, die sich nicht weiterentwickeln, als Fehlentwicklungen abzutun.

Die Erweiterung des Darwin'schen Evolutionsgesetzes

Im Jahr 2023 publizierte ein Team aus Wissenschaftlern unter anderem der Carnegie Institution for Science in den USA einen spektakulären Aufsatz im renommierten Wissenschaftsjournal *Proceedings of the National Academy of Sciences.*[7] Nach Auffassung der Autoren habe die Physik ein Naturgesetz übersehen. Sie argumentieren, dass sich nicht nur Lebewesen, sondern auch Strukturen im Universum über einen Prozess, der der biologischen Evolution ähnele, auf langen Zeitskalen zu einer immer höheren Komplexität entwickeln würden. In gewissem Sinne ist das bisher übersehene Naturgesetz also eine Erweiterung des Darwin'schen Evolutionsgesetzes auf die unbelebte Natur. Damit verschwimmt die Grenze zur belebten Natur immer mehr. Den Autoren zufolge sei die Entstehung des Lebens auf der Erde das Resultat eines kontinuierlichen Prozesses zu immer komplexeren Molekülen ausgehend von einfachen chemischen Verbindungen. Bei Letzteren handle es sich ihrerseits um das Produkt einer Jahrmilliarden langen Evolution in der unbelebten Natur, die schon im Urknall begonnen habe.

Evolution basiert auf dem Wechselspiel von Mutation und Selektion; zusätzlich bedarf sie einer Art von Information. Für den Fall der Biologie haben wir das weiter oben bereits gezeigt. Die Autoren des Aufsatzes definieren aber die drei Größen Mutation, Selektion und Information auf eine Weise, die auch für die unbelebte Natur gilt – und schaffen damit eine verblüffend plausible Erweiterung des Evolutionsgesetzes auf den ganzen Kosmos. Diese Idee ist für das vorliegende Buch von zentraler Bedeutung und bildet die Grundlage für das zweite Postulat: die Existenz eines verallgemeinerten Evolutionsgesetzes, das auch für die unbelebte Natur gilt. Gäbe es ein solches tatsächlich, müsste das Universum voller Leben sein. Die Entwicklung von lebenden Organismen wäre dann kein Zufall oder das Werk Gottes, sondern eine zwangsläufige Konsequenz der Naturgesetze.

Komplexität und Funktionale Information

Die biologische Evolution ist also aus Sicht der Autoren des Aufsatzes nur ein Sonderfall in einer generellen Entwicklungslinie des ganzen Universums. Doch wie lässt sich Komplexität (siehe Appendix) messen? Der gewählte Ansatz beruht auf der Menge an Information, die notwendig ist, um eine Struktur mit Blick auf ihre Funktion hinreichend genau zu beschreiben. Man fragt: Wie kompliziert ist ihr Bauplan? Je komplexer die Struktur, umso mehr Bits und Bytes – die Maßeinheit von Information – werden benötigt, um ihre wesentlichen Eigenschaften, die sie zur Ausübung ihrer Funktion oder ihrer Rolle in der Wirklichkeit benötigt, zu beschreiben. Diese so definierte Information wird im folgenden Funktionale Information genannt.

Zur Illustration dieses Begriffs diskutieren wir vier Beispiele von Objekten mit stark unterschiedlicher Komplexität. Wie viel Information ist notwendig, um einen Kieselstein hinreichend genau zu beschreiben? Die genaue Komposition seines Innenlebens spielt für seine Existenz als Felsbrocken keine Rolle. Wichtig sind dagegen die chemische Zusammensetzung, das Gewicht, das Volumen und die äußere Form, wobei Letztere nicht millimetergenau sein muss. Alles in allem sollten einige Kilobytes – das sind jeweils 1000 Bytes – ausreichen, um den Kieselstein hinreichend genau zu beschreiben. Gehen wir noch näher auf die einzelnen Kristalle in seinem Inneren ein, kommen wir vielleicht auf ein Megabyte, also 1000 Kilobytes oder eine Million Bytes.

Eine gleich schwere Schweizer Uhr ist im Vergleich zum Kieselstein wesentlich komplexer. Ihre Funktionale Information beläuft sich auf mehrere Megabytes für die Materialien, die Formbeschreibung der einzelnen Bauteile sowie den Plan für ihren Zusammenbau. Noch heftiger schlägt ein Prozessorchip mit der gleichen Masse wie der Kieselstein und die Schweizer Uhr zu Buche. Setzen wir für jeden seiner Transistoren eine Informationsmenge von einem Kilobyte an, kommen wir rasch in den Bereich von Giga- und Terabytes, also Milliarden respektive Billionen Bytes, für den ganzen Schaltkreis. Moderne Prozessorchips sind hochkomplexe Gebilde, deren Herstellung ihrerseits Maschinen von enormer technologischer Finesse voraussetzt.

Doch Lebewesen übertreffen bezüglich ihrer Informationsdichte selbst die moderne Technik. Allein schon der Bauplan eines Einzellers erfordert etliche Gigabytes. Nimmt man aber noch die Dynamik der Lebensprozesse hinzu, werden rasch Terabytes erreicht. Ein einzelner Organismus mit der gleichen Masse wie der Kieselstein besteht aus Milliarden von Zellen. Die Funktionale Information erreicht für Lebewesen also rasch astronomische Werte.

Diese vier Beispiel illustrieren sowohl die verwendeten Begrifflichkeiten, als auch die Tatsache, dass der Gehalt an Funktionaler Information ein brauchbares Maß für die Komplexität beliebiger Strukturen darstellt.

Zunahme der Komplexität oder Zunahme der Entropie?

Die Grundaussage des Aufsatzes lautet, dass die Komplexität überall im Universum zunimmt. Dies wird als neues Naturgesetz klassifiziert – ein Gegenspieler zum Naturgesetz vom ewigen Anstieg der Entropie, demzufolge die Komplexität in isolierten Systemen abnehmen muss. Beide Gesetze definieren eine Zeitrichtung, im einen Fall hin zu niedrigerer Komplexität und damit zum Tod und im anderen Fall hin zu höherer Komplexität und damit zum Leben. Letzteres wird durch Energie ermöglicht. Sie entscheidet also, welches Naturgesetz gilt. Genau genommen steckt dies schon in der Definition, denn der Begriff »isoliertes System« bedeutet, dass keine Energie von Außen zugeführt wird. Dann kann die Komplexität insgesamt – die Bilanz – tatsächlich nur abnehmen; obwohl innerhalb eines solchen Systems durchaus energiedurchflossene Teilbereiche möglich sind, in denen sie steigt. Ein Beispiel, das Sonnensystem, haben wir oben bereits besprochen: Insgesamt steigt die Entropie angetrieben durch die von der Sonne in alle Richtungen abgestrahlte Energie, aber an der Erdoberfläche können ihre Strahlen zu einem lokalen Absinken führen und damit die Entstehung von Komplexität ermöglichen.

Das Universum insgesamt geht mit Energie ungeheuer verschwenderisch um: Milliarden von Sternen, gigantische Fusionsreaktoren, pusten die von ihnen generierte Energie einfach in die kalte Schwärze des Alls. Daher müsste man eigentlich erwarten, dass die Komplexität an vielen Stellen lokal zunimmt – in belebten ebenso wie in unbelebten Systemen. Im Folgenden wollen wir einige Beispiele für diese allgegenwärtige Entwicklung aufführen, die immer mit dem Verbrauch großer Energiemengen verbunden ist.

Evolution von Galaxien und Sternen

Schaut man sehenden Auges auf die Natur, beobachtet man überall Evolutionsprozesse hin zu wachsender Komplexität. Allerdings werden diese im Fall der unbelebten Natur erst auf extrem langen Zeitskalen sichtbar; noch deutlich länger als im Falle der belebten Natur. Über Tage, Wochen oder Jahre dominiert hingegen das Naturgesetz vom ewigen Anstieg der Entropie.

Ein Beispiel für den Einfluss der Zeitskalen ist die Entwicklung von Galaxien, Sternhaufen, Sonnen und Planeten aus dem heißen Gas, mit dem das Universum zu Beginn ausgefüllt war. Der klassischen Physik zufolge sollte sich ein solches, wenn es abkühlt, nicht zu einer derartigen Vielfalt von Strukturen ausprägen. Wüsste sie nicht bereits, dass Sterne und Galaxien existieren, würde sie vorhersagen, dass das Universum einige Millionen oder Milliarden Jahre nach dem Urknall einfach nur mit immer kälteren und stärker verdünntem Gas gefüllt sei. Selbst Computer hätten auf der Basis der etablierten Physik wohl kaum die tatsächliche Entstehung der Himmelskörper prognostiziert. Heute können auch die aufwändigsten Modelle die Entstehung von Sternen und Galaxien wenige Hundert Millionen Jahre nach dem Urknall nicht ohne Weiteres nachvollziehen. Sie müssen eine zusätzliche Gravitationswirkung durch die Dunkle Materie annehmen, um die Realität zu reproduzieren. Die etablierte Physik kann die Vielfalt an komplexen Strukturen im Kosmos ohne diese hypothetische Substanz nicht erklären.

Auch Himmelskörper durchliefen und durchlaufen immer noch eine Evolution. Nach dem Urknall entstanden zuerst massereiche, kurzlebige Sonnen, die rasch in Supernovae wieder vergingen und dabei ihre Asche mit dem interstellaren Gas vermischten. Sterne kamen und gingen und nur die langlebigen unter ihnen überlebten einige Milliarden Jahre. Die ersten Galaxien waren überwiegend klein. Doch bald kollidierten sie miteinander, wodurch sich abhängig von der Dynamik der Kollision und der Verteilung der Massen die vielen unterschiedlichen Typen herausbildeten, die wir heute beobachten können. Aber die Evolution der Strukturen im Kosmos ist längst noch nicht abgeschlossen.

Die aktuelle Physik sagtdem Universum ein trauriges Ende vorher: den »Big Freeze«. Dabei driften die Galaxien auseinander, die Sonnen erlöschen und das ganze Universum wird schließlich immer dunkler, kälter und leerer. Selbst die mächtigen Schwarzen Löcher verdampfen, sodass nur noch ein dünnes Gas aus

Elementarteilchen übrigbleibt. So lautet die Vorhersage der etablierten Physik, nach der die Komplexität ständig abnimmt und alles dem Kältetod entgegenstrebt. Aber bisher ist die Entwicklung genau in die andere Richtung gelaufen: hin zu mehr Vielfalt und höherer Komplexität.

Komplexe Strukturen entstehen durch das Wechselspiel von Mutation und Selektion. Die Rolle der Mutation übernimmt in diesem Fall das ständige Entstehen und Vergehen von Sternen, Planetensystemen und ganzen Galaxien, die miteinander kollidieren und dabei verschmelzen. Selektion bedeutet hier, dass sich immer stabilere und langlebigere Strukturen bilden, während die kurzlebigen verschwinden. Die Komplexität der Himmelskörper nimmt eindeutig zu, aber eine Angabe der Funktionalen Information ist in diesem Fall schwierig, denn was als Funktion angesehen wird, hängt von der Fragestellung ab. Die Intuition sagt zwar mit Blick auf die Vielfalt an Strukturen der Sterne und Galaxien, dass Komplexität und Informationsgehalt steigen. Sie hilft jedoch wenig, wenn es darum geht, diese Eigenschaften mengenmäßig genau zu fassen.

Evolution der chemischen Elemente

Ein weiteres Beispiel für eine Evolution in der unbelebten Natur ist die Entstehung der chemischen Elemente. Auch hierfür war ein enormer Energieaufwand nötig, denn wie wir weiter oben bereits gesehen haben, geschah dies überwiegend im Inneren von Sternen. Kurz nach dem Urknall gab es nur die vier leichtesten chemischen Elemente Wasserstoff, Helium, Lithium und Beryllium (siehe Appendix: »Nukleosynthese«). Millionen Jahre später bildeten sich die ersten Sonnen, die dann über Fusionsprozesse in ihrem Innern alle schwereren Elemente synthetisierten. Schwermetalle wie Blei sind sogar erst in Supernovae am Ende des Lebenszyklus massereicher Sterne entstanden. Die Vielfalt der chemischen Elemente nahm im Laufe der Zeit stetig zu. Doch hier ist die Evolution am Ende angekommen. Sie kann keine höheren Stufen erreichen, weil die Atomkerne ab einem gewissen Punkt nicht mehr stabil sind. Bei den schwersten bekannten Elementen mussten wir Menschen schon im Labor nachhelfen, weil sie in der Natur nicht vorkommen. In der Sprache der Biologie würde man sagen, dass die Evolution hier alle vorhandenen ökologischen Nischen ausgefüllt hat; nun ist sie zum Stillstand gekommen.

Auch bei den chemischen Elementen wirken die Prozesse der Mutation und der Selektion. Unter den hohen Temperaturen im Inneren von Sonnen kommt es ständig zu Zusammenstößen zwischen den bereits entstandenen Atomkernen und den in großer Menge vorhandenen Wasserstoff- und Heliumkernen. Manchmal verschmelzen sie dabei und manchmal zerfallen sie dabei auch wieder. So bilden sich ständig neue Atomkerne, die jedoch größtenteils instabil sind. Nur die stabilen unter ihnen überstehen diesen Prozess, bis sie schließlich von noch stabileren Varianten abgelöst werden. Das Ergebnis ist die konstante Häufigkeitsverteilung der chemischen Elemente im Universum, die die Stabilität der verschiedenen Atomkerne widerspiegelt.

In Analogie zur Evolution kommt den Kernreaktionen, die die Zusammensetzung der Atomkerne immer wieder neu aufmischen, die Rolle der Mutationen zu. Die Selektion ist das Überleben der Stabileren. Obwohl die Komplexität augenscheinlich zunimmt, fällt es auch hier schwer, die Funktionale Information des Systems zu bestimmen. Die chemischen Elemente sind die Grundbausteine der Vielfalt des Universums. Doch was ist ihre Funktion? Bestünde diese in der Optimierung der Vielfalt, würde das in der Tat eine Zunahme der Funktionalen Information bedeuten. Aber eine solche Definition grenzt an Willkür. Obwohl also Information auch hier eine Rolle spielt, ist es plausibler, von einer Zunahme der Komplexität zu sprechen.

Evolution der Mineralien

Einer der beiden Hauptautoren des bahnbrechenden Aufsatzes zum verallgemeinerten Evolutionsgesetz ist Mineraloge. Die Idee einer Evolution in der unbelebten Natur kam ihm angesichts der Tatsache, dass sich die Vielfalt der Mineralien auf der Erde erst mit der Zeit entwickelt hat. Unser Planet entstand als glühende Lavakugel, die langsam abkühlte. Zu dieser Zeit war die Mineralienvielfalt eher homogen und typisch für erkaltete Lava. Dann setzte der Regen ein und die Meeresbecken füllten sich mit Wasser – der Zyklus der Erosions- und Sedimentationsprozesse begann.

Die chemischen Elemente in der Lava wurden dabei neu sortiert. Auf der Erdoberfläche schwankten die lokalen Bedingungen stark; entsprechend bildeten sich verschieden zusammengesetzte neue Mineralien, teils sogar aus den gleichen Ausgangselementen. Ein bekanntes Beispiel sind Diamant und Grafit, die beide aus reinem Kohlenstoff bestehen und sich lediglich hinsichtlich ihrer Entstehungsprozesse unterscheiden. Diamanten benötigen hohen Druck und eine hohe Temperatur, wie sie nur in großer Tiefe vorkommen. Sind die Bedingungen weniger extrem, entsteht aus reinem Kohlenstoff dagegen Grafit.

Heute kennt die Wissenschaft über 6 000 Mineralien und jährlich werden neue entdeckt. Es gibt also auch in diesem Bereich über lange Zeiträume hinweg eine Evolution hin zu mehr Vielfalt und Komplexität. Erneut wird durch einen gewaltigen Energieverbrauch das Naturgesetz vom ewigen Anstieg der Entropie nicht verletzt, aber lokal umschifft. Die Erosions- und Sedimentationsprozesse gehen auf die Sonneneinstrahlung und die Plattentektonik der Erde zurück. Letztere wird ihrerseits durch das langsame Abkühlen des Erdkerns mit Energie versorgt.

Auch auf diesem Gebiet lassen sich Prozesse der Mutation und Selektion definieren. Besonders stabile Mineralien überstehen Erosion und Sedimentation besser als andere – bis sie ihrerseits von denen abgelöst werden, die noch stabiler oder besser angepasst sind. Da auf der Erdoberfläche eine große Vielfalt an lokalen Bedingungen existiert – in großer Tiefe, in trockenen oder feuchten Gesteinsschichten, im Tiefseeboden oder in aufgefalteten Gebirgen –, entsteht mit der Zeit auch eine immer größere Vielfalt an Mineralien. Die Selektion betrifft deren Disposition, den nächsten Umschichtungsprozessen in ihrer jeweiligen Umgebung besser zu trotzen als andere Varianten.

Evolution von RNA-Strängen

Ein weiteres Beispiel für eine Evolution in der unbelebten Natur sind die hypothetischen RNA-Stränge der präbiotischen Evolution, also die eindimensionalen Kettenmoleküle aus Nukleinsäuren, aus denen sich möglicherweise das erste Leben entwickelt hat. Weiter oben haben wir bereits die Hypothese kennengelernt, dass sich diese Ketten erstmals durch Temperaturschwankungen in seichten Tümpeln herausbildeten. Das Bild können wir nun um eine weitere Komponente ergänzen. Wie bereits erwähnt befanden sich die Nukleotide im Ur-Schleim in einem konstanten Zyklus aus Kettenbildung bei Nacht und Zerfall bei Tag. Dabei entstanden permanent zufällige Anordnungen der Nukleinbasen Adenin, Guanin, Cytosin, Thymin und Uracil – und mit ihnen Unmengen an Mutationen. Selektion kommt nun dadurch zustande, dass manche Sequenzen besonders stabil sind; beispielsweise solche, die sich bei höherer Temperatur zu einem engen Knäuel zusammenziehen und so dem Zerfall durch die Erwärmung der Tagessonne widerstehen. Folglich haben diese RNA-Stränge eine höhere Wahrscheinlichkeit, zu überleben.

Jeweils zwei Partnernukleinbasen in den Ketten können sich locker miteinander verbinden: Adenin geht mit Thymin oder Uracil zusammen und Cytosin mit Guanin. Lagern sich an eine existierende Kette seitlich Nukleinsäuren an, entsteht ein Doppelstrang. Dieser ähnelt einer Leiter, wobei die Sprossen Partnerverbindungen von jeweils zwei Nukleotiden sind. Die zweite Kette, die durch Anlagerung an die erste entsteht, ist dabei ein gespiegeltes Abbild der ersten. Steigt tagsüber die Temperatur im Ur-Schleim, trennt sich in unserem Planspiel zunächst der Doppelstrang auf, sodass nunmehr zwei einzelne RNA-Stränge im Tümpel herumschwimmen: das Original und sein Spiegelbild. Wiederholt sich der Prozess später mit der gespiegelten Kette, erhalten wir eine dritte, die in der Abfolge ihrer Nukleotide mit dem Original identisch ist. Ab da verläuft die Replikation und Verbreitung des Lebens wie oben beschrieben.

Das wäre ein hypothetisches Beispiel von Mutation und Selektion angewandt auf ein unbelebtes System; »unbelebt«, weil RNA-Stränge, insbesondere ohne einen tiefergreifenden biologischen Kontext, wohl kaum der belebten Natur zugerechnet werden können. Diese Kettenmoleküle sind die Vorstufe des Lebens, ein Zwischenschritt im kontinuierlichen Übergang vom Untersuchungsgebiet der »dead science« zu dem der »life science«. In unserem Beispiel lassen sich alle wichtigen Komponenten eines typischen Evolutionsprozesses der belebten und unbelebten Natur leicht identifizieren:

- Funktionale Information: Die Abfolge der Nukleotide bestimmt die dreidimensionale Struktur der RNA-Ketten sowie ihr Verhalten bei Temperaturschwankungen und ermöglicht damit den Kopierprozess.
- Energie: Die Energie wird in unserem Beispiel von außen in der Form von Temperaturschwankungen zugeführt.

- Mutation: Mit jeder Erwärmung zerfallen die instabilen Ketten und setzen sich mit jeder Abkühlung zufällig neu zusammen.
- Selektion: Nach einiger Zeit sind nur noch die RNA-Stränge übrig, die die Tagestemperaturen überstehen und Kopien von sich selbst produzieren können.

Für die RNA-Stränge lässt sich die Funktionale Information genau bestimmen. Sie errechnet sich aus der Wahrscheinlichkeit, dass eine bestimmte Anordnung der vier verschiedenen Nukleotide in der Kette mit einer angestrebten Funktion kodiert. Typische RNA-Stränge, die bestimmte Funktionen aufweisen, sind mindestens zwischen 50 und 100 Nukleotide lang. Nehmen wir also an, dass eine Kette, die die Bedingungen in unserem hypothetischen Beispiel erfüllt, aus 70 solcher Bausteine besteht; und nehmen wir weiter an, dass der Kopierprozess eine genaue definierte Abfolge der vier Nukleinbasen in der Kette erfordert. Die Menge an Funktionaler Information entspricht dann derjenigen in einem Wort mit 70 Buchstaben in einer Sprache, deren Alphabet nur vier Buchstaben kennt, nämlich $\log_2(4)$ Bits pro Wort, also insgesamt 140 Bits. Das ist ein konkretes, wenn auch hypothetisches Beispiel für die Bestimmung der Menge an Funktionaler Information für eine RNA-Kette aus 70 Nukleotiden.

Das zweite Postulat

Ähnlich wie die belebte Natur durchläuft auch die unbelebte Natur eine Entwicklung hin zu höherer Komplexität. Genau genommen ist die biologische Evolution lediglich ein Sonderfall dieser allgemeinen Evolution des Universums, die mit dem Urknall begonnen hat. Damit verschwimmt die Trennlinie zwischen belebter und unbelebter Natur. Das zweite Postulat dieses Buches lautet entsprechend:

Es gibt ein verallgemeinertes Evolutionsgesetz.

III. Der Erhaltungssatz der Information

Im klassischen Sinn ist Information nichts weiter als Wissen, das von einem Sender zu einem Empfänger übermittelt wird, so wie beispielsweise eine Zeitung oder ein Buch Information von einem Autor an den Leser übermitteln. Eine Landkarte enthält Information über die Lage von Straßen und Ortschaften. Ein einfaches Stoppschild informiert den Autofahrer, dass er an dieser Stelle besser anhält. Auch ein Strauß Rosen kann eine Information sein. Eine wichtige Eigenschaft ist die Notwendigkeit eines Trägers. Denn die gleiche Information lässt sich unterschiedlich kodieren: zum Beispiel als gedruckte Zeichen in einem Buch, als elektronische Bits auf einer Festplatte oder als Schallwellen beim Vorlesen. Information ist ähnlich wie Energie und Entropie eine immaterielle Größe, die aber ohne Träger nicht existiert.

Die obigen Beispiele suggerieren, dass Information einen intelligenten Sender und einen intelligenten Empfänger benötigt, der die Bedeutung erkennt. Denn für jemanden, der nicht lesen kann, ist ein gedruckter Text nichts als eine Ansammlung schwarzer Flecken auf einer weißen Papierseite. Doch nicht nur Menschen, sondern auch Tiere tauschen Informationen aus; beispielsweise mit Warnrufen, dass sich ein Angreifer der Herde nähert und sie deshalb fliehen soll. Bienen führen einen Tanz auf, um ihre Artgenossen im Stock über Nektarquellen zu informieren. Stinktiere markieren ihr Revier mit Geruchsstoffen, die signalisieren: »Bis hierhin und nicht weiter!« Chemische Informationsträger erlauben es Suchhunden, Verschüttete zu retten – oder Haifischen, ihre verletzte Beute zu jagen.

Selbst das Pflanzenreich ist voller Information: Zum Beispiel locken bunte Blüten Insekten an, Botenstoffe warnen vor Schädlingsbefall oder Umweltstress und das »Wood Wide Web« verbindet über die Wurzeln im Boden ganze Ökosysteme. Intelligenz und Bewusstsein im menschlichen Sinn ist also für den Austausch von Information nicht erforderlich.

Dennoch stellen unsere Gehirne die größte Konzentration an Information in der belebten Natur dar. Wir erhalten über unsere Sinnesorgane einen enormen Input von außen und entwickeln anhand dessen ein Modell der Welt in unserem Kopf. Mit dieser inneren Simulation der Realität finden wir den Weg zum Arbeitsplatz, erkennen eine Person wieder, der wir auf der Straße begegnen, und organisieren unseren Alltag. Ohne sie wären wir kaum handlungsfähig und würden nicht einmal morgens den Weg ins Badezimmer finden – oder wüssten gar nicht erst, was das ist. Demente Menschen verlieren immer mehr von diesen gespeicherten Informationen und damit schließlich auch ihre Persönlichkeit. In einem gewissen Sinne bestehen »wir« also selbst aus Information.

Obwohl Intelligenz und Bewusstsein nicht notwendig sind, betreffen alle bisher genannten Beispiele den Austausch von Information zwischen Lebewesen. Man könnte daher meinen, dass nur Menschen, Tieren und Pflanzen als Sender und Empfänger infrage kämen. Daneben gibt es aber auch Information, die für kein Lebewesen gedacht ist, jedenfalls keines im eigentlichen Sinn. Wir finden sie im Innern lebender Zellen. Dort ist der zentrale Informationsspeicher die Erbsubstanz, die in der Form langer Kettenmoleküle – DNA anstatt RNA wie im Ur-Schleim – den Bauplan des Lebewesens im Zellkern speichert. »Gelesen« wird dieser von unzähligen Arbeitsproteinen. Am wichtigsten darunter sind die Ribosome, die anhand der auf der DNA gespeicherten Information neue Proteine herstellen. Hier zeigt sich, wie fundamental Information für die Existenz von Leben ist. Ohne den Informationsspeicher der doppelsträngigen DNA – oder im Fall einfacherer Lebewesen der einsträngigen RNA – wäre kein Leben denkbar.

Information zu definieren, ist recht kompliziert. Sie hat so viele Erscheinungsformen, dass es schwerfällt, mit wenigen Worten zu erklären, was dieser Begriff bedeutet. Im Computerzeitalter wird Information häufig als das definiert, was sich digital in der Form von Bits speichern lässt. Das ist mit allem möglich, was unser Gehirn erreicht, also zum Beispiel den Bildern, die unsere Augen sehen, oder den Geräuschen, die unsere Ohren hören. Auch der Informationsgehalt einfacher Zeichen wie eines Stoppschildes oder komplexer Zeichen wie der Erklärung eines Mitmenschen, wie wir zum Bahnhof kommen, kann in Bits kodiert werden. Das Gleiche gilt für die Informationen, die Pflanzen und Tiere austauschen, die genetische Information im Erbgut und sogar die unbelebte Natur. Beispiele für Letzteres sind Karten der Erdoberfläche oder der Bauplan von Maschinen. Wenn Information zum einen all das umfasst, was sich digital in Form von Bits speichern lässt, und sich zum anderen die gesamte Wirklichkeit digital in Form von Bits speichern lässt, dann würde das bedeuten, dass die gesamte Wirklichkeit Information ist. Natürlich kann das nicht buchstäblich gelten; Information selbst hat schließlich keine materielle Komponente. Aber der Satz legt nahe, dass alles, was existiert, Information enthält und sich in dieser Form darstellen lässt.

In der Forschung wird sie deshalb bisweilen für ebenso fundamental gehalten wie Energie, Entropie und Masse. Objekte unterscheiden sich durch ihren Informationsgehalt, also der Menge an Information, die nötig ist, um sie im Computer zu erfassen. Lebewesen sind sehr viel komplexer als unbelebte Objekte; deshalb fällt der Informationsgehalt in der belebten Natur weitaus höher aus als in der unbelebten Natur. Dieser Unterschied ist jedoch nur graduell. Wir haben im vorherigen Abschnitt eine Theorie der Entstehung des Lebens (siehe Appendix) auf der Erde dargelegt, die auf einer molekularen Evolution von RNA-Kettenmolekülen beruht. Entspricht diese Darstellung der Wahrheit, muss der

Übergang von unbelebter zu belebter Natur kontinuierlich und graduell gewesen sein. Selbiges gilt dann auch für den Informationsgehalt und die Komplexität.

Funktionale Information von Lebewesen

Wie wir oben am Beispiel von Kieselsteinen, Schweizer Uhren und Computerchips gesehen haben, kann Komplexität als die Informationsmenge definiert werden, die notwendig ist, um ein untersuchtes Objekt hinreichend genau zu beschreiben. Grundsätzlich wäre es zwar auch möglich, die Position, den Bewegungszustand und das Element aller Atome, aus denen es besteht, zu erfassen und in einem Computer einzuspeichern. Dies bedürfte aber eines enormen Speicherplatzes; außerdem würde die Informationsmenge dann linear mit der Anzahl an Atomen, aus denen das Objekt besteht, zunehmen. Die Konsequenz: Ein tonnenschwerer Felsbrocken hätte eine deutlich höhere Komplexität als ein Mensch – das ist offensichtlich falsch. Deshalb wird noch ein weiteres Kriterium benötigt.

Entscheidend für die Komplexität ist nicht die physikalisch exakte Menge an Information mit allen Positionen aller Atome, sondern die minimale Menge an Information, die ausreicht, um das Objekt *hinreichend* genau, also mit Blick auf seine Funktion oder seine Rolle in der Wirklichkeit, zu beschreiben. Um zum Beispiel einen tonnenschweren Felsbrocken korrekt im Computer zu erfassen, spielt es keine Rolle, an welcher Stelle jedes einzelne Atom sitzt, sondern man muss lediglich wissen, aus welchen Mineralien er besteht, was für eine Masse und welche Form er hat. Mit dieser geringen Menge an Information ist der Felsbrocken hinreichend genau beschrieben. Eine unterschiedliche Anordnung der Atome in seinem Inneren macht keinen Unterschied.

Bei einem Lebewesen sieht die Sache jedoch anders aus. Die Anordnung im Innern einer Zelle ist keineswegs unerheblich.

Oft führen Änderungen der inneren Zusammensetzung zum Exitus. Für die Beschreibung eines Lebewesens sind also deutlich mehr Informationen notwendig als für die Beschreibung eines Felsbrockens. Auch hier müssen zwar nicht alle Atome am genau richtigen Platz sitzen, aber zumindest Gruppen von Molekülen sollten sich ungefähr an der richtigen Stelle befinden.

Zum Beispiel kann die elastische Zellmembran eine etwas andere Form haben, solange man weiß, aus welchen Proteinen sie besteht, welches Volumen sie ausfüllt und dass die Zelle insgesamt oval ist. Es gibt eine Vielzahl von verschiedenen Konfigurationen einer theoretischen Zellmembran, die alle dieselbe Funktion erfüllen. Deshalb genügt eine ungefähre Beschreibung. Aber eine rein oberflächliche Auflistung wie bei einem Felsbrocken wäre bei Weitem zu wenig. Sie muss so viel Information enthalten, dass sie das Objekt für seine Funktion hinreichend genau beschreibt.

Die so charakterisierte Menge an Funktionaler Information ist ein brauchbares Maß für die Komplexität (siehe Appendix) eines Lebewesens oder eines unbelebten Objekts. Der Definition zufolge hat das menschliche Gehirn die höchste Komplexität und den höchsten Gehalt an Funktionaler Information. Denn wenn die Positionen der rund 86 Milliarden Neuronen mit ihren rund 10^{15} – das ist eine Million Milliarden – Verbindungen verändert werden, wirkt sich dies massiv auf die Persönlichkeit aus. Der Mensch wäre dann ein anderer. Der Bauplan unseres Gehirns erfordert also eine gewaltige Informationsmenge.

Funktionale Information, Komplexität und Entropie

Die Konzepte der Funktionalen Information und Komplexität sind eng mit der Entropie verwandt. Weiter oben haben wir bereits gesehen, wie Letztere als Maß für die Unordnung definiert wird: Entropie (siehe Appendix) gibt die Menge an möglichen Mikrozuständen an, die den gleichen Makrozustand ergeben. Unser Beispiel eines Paschs beim Würfeln war ein Ereignis, doch das gleiche Prinzip lässt sich auch auf Objekte übertragen. Der Makrozustand eines Felsbrockens ist seine Zusammensetzung, das Gewicht und die äußere Form; der Mikrozustand ist die Position, der Bewegungszustand und die Elemente aller seiner Atome zu einem bestimmten Zeitpunkt. Auch hier sind die extrem feinkörnigen Informationen irrelevant. Viele verschiedene Mikrozustände ergeben den gleichen Makrozustand.

Bei Lebewesen ist die innere Ordnung entscheidend dafür, dass sie nicht sterben. Würde man unser Herz von der Brust in den Fuß verschieben, wären wir bald nicht mehr. In der Sprache der Entropie bedeutet dies, dass es weniger Mikrozustände gibt, die den Makrozustand »lebendiger Organismus« realisieren. Das passt ausgezeichnet zu unserer früheren Erkenntnis, dass Leben hochgradig geordnet ist. Kann nämlich ein Makrozustand nur durch wenige Mikrozustände realisiert werden, weist er ein hohes Maß an Ordnung auf und entsprechend eine geringe Entropie.

Diese Begrifflichkeiten zu verstehen, zumal über mehrere Kapitel hinweg, ist alles andere als trivial, deshalb hier noch einmal die wichtigsten Punkte zusammengefasst:

- Die physikalische Messgröße Entropie ist mathematisch exakt über Mikro- und Makrozustände definiert.
- Entropie ist eng mit Komplexität verwandt, die im Gegensatz zu ihr intuitiv verständlich, dafür aber weniger gut quantifizierbar ist.
- Funktionale Information hängt mit Entropie und Komplexität zusammen, ist aber als Informationsmenge des Bauplans eines funktionierenden Systems definiert.
- Aus der Sicht der Entropie ist dieser Bauplan gleichbedeutend mit dem Makrozustand.

Funktionale Information, Komplexität und Entropie beschreiben also das Gleiche auf unterschiedliche Weise. Dennoch besteht Verwirrungsgefahr: Eine hohe Entropie bedeutet nämlich eine niedrige Komplexität und wenig Funktionale Information. Hat man diese Hürde überwunden, ist der Zusammenhang aber eigentlich recht einfach. Wir verstehen intuitiv, auf welche Art von Eigenschaft sich die Komplexität eines Objekts bezieht; Entropie und Funktionale Information sind zweierlei Arten, diese messbar zu machen.

Information und Komplexität im Universum

Durch die allgemeine Evolution der belebten und unbelebten Natur ist die Komplexität im gesamten Universum angestiegen. Zu Beginn war dieses mit nichts als heißem Gas angefüllt. Für die Beschreibung des Makrozustands »Universum kurz nach dem Urknall« genügt also eine Angabe von Wasserstoff, Helium, Lithium und Beryllium samt ihrer Verhältnisse sowie der Temperatur und der Größe des Universums. Damit sind die Verhältnisse kurz nach dem Urknall ausreichend genau bestimmt. Man könnte zudem noch die Dichteschwankungen des Gases hinzunehmen; denn ohne sie gäbe es heute keine Sterne und Galaxien. Aber selbst dann ist die Funktionale Information oder, besser gesagt, ihre Dichte noch gering.

Heute gibt es jedoch unzählige Galaxien, Sterne und Planeten. Für die Beschreibung des Makrozustandes »Universum nach einigen Milliarden Jahren« scheint also mehr Information notwendig als für die des Makrozustandes »Universum kurz nach dem Urknall«. Das könnte man meinen – wären da nicht die gigantischen kosmischen Leerräume, die sogenannten Voids, in denen über Millionen von Lichtjahren hinweg gar nichts existiert und der Gehalt an Funktionaler Information daher gegen null tendiert. Immerhin gibt es dort noch die kosmische Hintergrundstrahlung und vereinzelte Elementarteilchen. Im gealterten Universum ist der Gehalt an Funktionaler Information also nicht unbedingt angewachsen, sondern hat sich ähnlich wie die Materie in Galaxien, Sternen und Planeten verdichtet.

Komplexität wird mit Energie erkauft

Das Universum als Ganzes – gemeint ist der Bereich des uns zugänglichen Universums – kann als isoliertes System betrachtet werden. Aufgrund der Ausdehnung und der daraus resultierenden sinkenden Temperatur steigt die Entropie darin beständig. Das ist eine grundsätzliche Eigenschaft eines Gases: Sinkt die Temperatur oder steigt das Volumen, steigt auch die Entropie. Beim Universum ist beides der Fall. Im Kontext der Sonne und des Lebens auf der Erde haben wir bereits gesehen, dass die Entropie lokal sinken kann, solange sie insgesamt zunimmt. Damit gehen auch ein Anstieg von Ordnung und Komplexität einher.

Bei diesem Prozess wird die Energie, die dem Universum im Moment des Urknalls zur Verfügung gestellt wurde, nicht »verbraucht«, sondern in Energie geringerer Qualität umgewandelt. Aufgrund der hohen Temperatur und Gasdichte war die Entropie zu Beginn niedrig. Diesen hochenergetischen Zustand hat das Universum im Zuge seiner Ausdehnung mittlerweile verlassen, aber die Sterne strahlen durch die Fusion von Wasserstoff immer noch einen Strom niedriger Entropie ab, der lokal die Entstehung von Komplexität ermöglicht. In gewisser Weise ist das ganze Universum eine Maschine zur Erzeugung von Komplexität.

Der Maxwell'sche Dämon

Das Gedankenexperiment namens Maxwell'scher Dämon verdeutlicht den fundamentalen Zusammenhang zwischen Information und Energie. Einem wichtigen Naturgesetz zufolge ist es grundsätzlich unmöglich, aus einem einzelnen Wärmereservoir, beispielsweise einem Gastank, und sei er noch so heiß, Energie zu gewinnen. Dafür bedarf es eines Temperaturgefälles. Dasselbe Naturgesetz – der Zweite Hauptsatz der Thermodynamik (siehe Appendix) – sagt auch den ewigen Anstieg der Entropie voraus. In Gasen ist Temperatur gleichbedeutend mit der mittleren Geschwindigkeit der Atome. Da sie ununterbrochen miteinander zusammenstoßen, ändert sich ihre Geschwindigkeit ständig – manche bewegen sich schneller, andere langsamer. Den Mittelwert aus all diesen Einzelwerten nennen wir Temperatur.

In Maxwells Gedankenexperiment stellen wir uns ein gleichmäßig temperiertes Gasreservoir vor, sodass eine Energieerzeugung nach dem Zweiten Hauptsatz nicht möglich ist. Eine Trennwand mit einer Klappe, die sich öffnen und schließen lässt, teilt den Tank mittig in zwei Hälften. Nun soll ein Dämon, also ein übernatürliches Wesen, immer dann, wenn ein schnelles Gasatom aus der rechten Hälfte auf die Klappe zufliegt, diese öffnen und es in die linke Hälfte passieren lassen. Das Gleiche geschieht bei langsamen Gasatomen, die von links nach rechts fliegen. Der Dämon wiederholt diesen Prozess wieder und wieder, bis sich nach einer Weile alle schnellen Atome in der linken und alle langsamen Atome in der rechten Hälfte befinden. Dadurch ist ein Temperaturunterschied entstanden und plötzlich kann Energie aus dem System gewonnen werden. Das widerspräche jedoch dem Zweiten Hauptsatz der Thermodynamik, da der Dämon letztlich den Energiegewinn aus nur einem Wärmereservoir ermöglicht. Denkansätze dieser Art waren in der Vergangenheit die Basis für sogenannte *Perpetua mobilia*, also Maschinen, die ohne Antrieb ewig laufen. Viele Jahre bemühten sich Erfinder, ein solches Gerät zu bauen, bis die Physik schließlich zeigen konnte, dass das unmöglich ist.

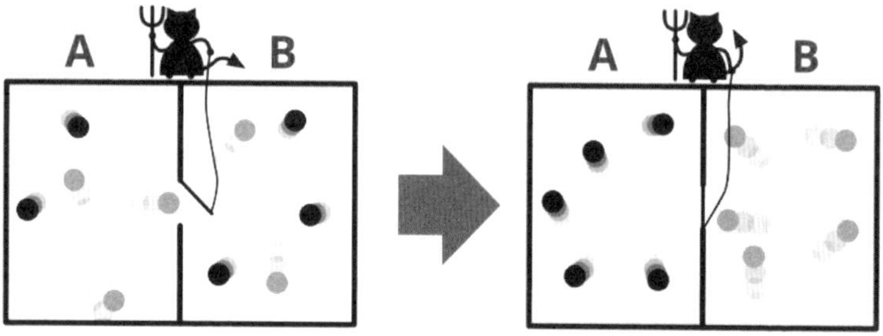

Der Maxwell'sche Dämon betätigt eine Klappe in einer Trennwand zwischen den beiden Hälften eines gleichmäßig temperierten Gastanks. Er lässt die schnellen Gasatome nach rechts passieren und die langsamen nach links, sodass ein Temperaturgefälle entsteht. Dies verletzt jedoch eines der wichtigsten Naturgesetze. Quelle: Wikipedia.[8]

Maxwells Dämon scheint auf den ersten Blick dem Naturgesetz vom ewigen Anstieg der Entropie zu widersprechen. Aber das ist nicht möglich. Wo liegt das Gedankenexperiment also falsch? Die Antwort liegt in der Information: Der Dämon muss wissen, wann ein Atom der einen oder anderen Sorte herannaht, um die Klappe passend zu öffnen. Dabei verarbeitet er Information und das verbraucht Energie. Man kann ausrechnen, wie viel dazu mindestens benötigt wird. Diese Energie muss jedoch von außen kommen. Deshalb veranschaulicht das Gedankenexperiment erneut, dass Ordnung, Komplexität und Information erkauft werden müssen. Indem der Dämon die Atome sortiert, senkt er die Entropie im Gesamtsystem des Gastanks, doch dies ist nur durch Energieverbrauch möglich. Die Natur lässt sich nicht bestechen.

Information in der unbelebten Natur

Trotz der fundamentalen Bedeutung von Information scheint es doch einen gewaltigen Unterschied zwischen ihrer Rolle in der belebten und in der unbelebten Natur zu geben. Unter Lebewesen dient sie dem Wissenstransfer zwischen einem Sender und einem Empfänger, dessen Verhalten sich ändern soll. Doch in der unbelebten Natur existieren weder Sender noch Empfänger – noch ein wie auch immer geartetes »Verhalten«. So könnte man zumindest glauben.

Information in der unbelebten Natur scheint also zunächst eine reine Beschreibung durch eine bewusste Intelligenz zu sein; etwa wenn wir Menschen den Gehalt an Funktionaler Information für Felsen, Uhren und Computerchips ermitteln. Evolution und einen Anstieg der Komplexität mag es auch in der unbelebten Natur geben, aber keinen Informationsaustausch. Doch was geschah während der Prozesse, die zur Entstehung des Lebens geführt haben? Die Theorie der präbiotischen Evolution, die wir oben bereits gesehen haben, basiert auf RNA-Ketten, die Information über ihre Struktur im Kopierprozess an die nächste Generation weitergeben (siehe Appendix: »Entstehung des Lebens«). Hier lassen sich vielleicht doch Sender und Empfänger identifizieren, obwohl RNA-Ketten recht eindeutig noch keine Lebewesen sind. Dabei verschwimmt die Grenze zwischen belebter und unbelebter Natur. Wie wir im Folgenden sehen werden, existieren noch weitere Beispiele für einen Informationsübertrag in der unbelebten Natur, mit einem Sender und einem Empfänger, der sein Verhalten nach Empfang der Nachricht ändert. Dazu müssen wir uns aber in die fremdartigen Gefilde der Quantenphysik begeben. Hier spielt die sogenannte Quanteninformation eine bedeutsame und geradezu unheimliche Rolle.

Das Doppelspaltexperiment

Es gibt Experimente in der Quantenphysik, die zeigen, dass so etwas wie ein Informationsaustausch zwischen unbelebten Objekten nicht nur stattfinden, sondern sogar ihr Verhalten beeinflussen kann. Das bekannteste Beispiel ist das Doppelspaltexperiment. Dabei wird ein Strahl von Teilchen – zum Beispiel Elektronen oder Nanopartikel – im Vakuum auf eine Metallplatte mit zwei schmalen, parallelen Spalten gerichtet. Hinter der Platte befindet sich ein Detektorschirm, der die auftreffenden Signale registriert.

Führt man dieses Experiment nur mit Licht durch, entsteht hinter dem Doppelspalt ein Interferenzmuster: helle und dunkle Streifen. Es kommt zustande, weil sich die beiden Teilwellen, die durch die beiden Spalte laufen, überlagern und gegenseitig verstärken oder auslöschen. Dieses Experiment gilt seit dem Schulunterricht als klassischer Beleg für den Wellencharakter des Lichts.

Ersetzt man den Lichtstrahl jedoch durch einen Teilchenstrahl, würde man nach klassischer Vorstellung erwarten, dass jedes Teilchen durch einen der beiden Spalte fliegt und dass in Folge auf dem Schirm zwei helle Streifen entstehen – entsprechend den beiden Öffnungen. Teilchen sollten schließlich nicht miteinander interferieren. Doch genau das geschieht: Auch mit Teilchen entsteht ein Interferenzmuster.

Aber wie können Teilchen interferieren? Interferenz bedeutet, dass sich zwei Wellen, die genau gegenphasig schwingen, auslöschen. Ein anschauliches Beispiel ist die aktive Geräuschunterdrückung bei Kopfhörern, bei der eine Schallwelle erzeugt wird, die den Umgebungsschall durch Gegenphase kompensiert. Aber das sollte nicht mit Teilchen funktionieren. Zwei Teilchen ergeben zusammen zwei Teilchen, nicht null. Wieso entsteht also ein Interferenzmuster hinter dem Doppelspalt?

Um auszuschließen, dass sich mehrere Teilchen gegenseitig beeinflussen, wurde die Intensität des Strahls in den Experimenten extrem verringert, sodass sich stets nur ein einziges Teilchen im Versuchsaufbau befindet. Jedes Teilchen trifft einzeln auf den Schirm – doch nach vielen Durchläufen ergibt sich wieder das typische Interferenzmuster. Es scheint also, als würde jedes einzelne Teilchen mit sich selbst interferieren. Es fliegt gleichzeitig durch beide Spalte. Das ist die einzig denkbare Erklärung. Das Teilchen verhält sich wie eine Welle.

Man nennt dieses nach wie vor unerklärliche Verhalten Welle-Teilchen-Dualismus. Noch bemerkenswerter ist Folgendes: Bringt man eine Messvorrichtung an, die bestimmt, durch welchen Spalt das Teilchen tatsächlich fliegt, verschwindet das Interferenzmuster sofort. Stattdessen erscheinen auf dem Schirm zwei Streifen; genau wie es die klassische Physik erwarten würde.

Wenn es also möglich ist, die Teilchen auf ihrer Bahn zu beobachten, verhalten sie sich wie Teilchen und das Interferenzmuster verschwindet. Wir kennen das aus dem menschlichen Leben: Wenn Menschen seltsame Dinge tun und bemerken, dass sie dabei beobachtet werden, hören sie sofort damit auf und verhalten sich normal. Beim Doppelspaltexperiment kommt es aber im Gegensatz dazu nicht darauf an, ob wirklich jemand hinschaut. Das Interferenzmuster verschwindet, sobald man das Teilchen im Prinzip beobachten *könnte*. Oder, um es etwas spektakulärer auszudrücken: Es verschwindet, wenn das Universum wissen könnte, wo das Teilchen langfliegt. Entscheidend ist dabei ein Informationstransfer zwischen dem Objekt und der Umgebung. Besteht diese Kopplung, verhält sich das Teilchen schlagartig normal wie ein Teilchen.

Wenn Teilchen beobachtet werden können

Anton Zeilinger erhielt 2022 zusammen mit Alain Aspect und John Clauser für ihre Arbeit zur Quantenverschränkung den Physik-Nobelpreis. In diesem Zusammenhang wurden auch Interferenzexperimente ähnlich dem Doppelspalt durchgeführt. Zeilingers Team verwendete bei seinen Versuchen Nanopartikel, konkret einige wenige Nanometer große Kohlenstoffmoleküle. Auch diese vergleichsweise großen Objekte zeigten zunächst ein Interferenzmuster. Im nächsten Schritt wurden die Teilchen mit einem Laser »erhitzt«, sodass nun glühende Kohlenstoffnanopartikel durch den Doppelspalt flogen. Dadurch war es im Prinzip möglich, ihre Bahn zu verfolgen, da sie unterwegs Licht in Form von Wärmestrahlung aussandten. Das Ergebnis: Das Interferenzmuster verschwand. Die Teilchen verhielten sich nun so, wie es die klassische Physik erwarten würde. Dabei spielte es keine Rolle, ob tatsächlich ein Detektor installiert war, der die Bahn der Teilchen aufzeichnete. Entscheidend war allein die Kopplung an die Umgebung über die Wärmestrahlung, die es im Prinzip erlauben würde, ihren Weg zu bestimmen.

Im unbeobachteten Fall gilt eine Art von Naturgesetzen, die der normalen Welt fremd sind. Der klassischen Physik zufolge kann ein Teilchenstrahl keine Interferenz hervorbringen, ebenso wenig wie ein einzelnes Teilchen auch nicht gleichzeitig durch zwei Spalte fliegen kann. Erst die Beobachtung überführt es in einen Zustand, in dem es den normalen Naturgesetzen gehorcht. Dabei findet ein Informationsaustausch zwischen dem Teilchen und der Umgebung statt, bei dem sich dessen Verhalten verändert. Möglicherweise ändert sich auch die Umgebung, aber im Verhältnis ist sie so gigantisch groß, dass dies nicht ins Gewicht fällt.

Teile der Forschung schließen aus diesen Experimenten, dass unsere normale Wirklichkeit mit den Gesetzen der klassischen Physik erst durch die Beobachtung entsteht. Tatsächlich befinden sich alle makroskopischen Objekte wie Tischtennisbälle und Himmelskörper in einem ständigen Informationsaustausch mit der Umgebung, der durch die allgegenwärtige Wärmestrahlung gewährleistet wird. Daher verhalten sie sich in unserem Alltag normal. Es ist sogar äußerst schwierig, Objekte von unserer Wirklichkeit zu entkoppeln und in einen quantenmechanischen Zustand zu bringen, denn dazu muss man jeden noch so geringfügigen Informationsaustausch unterbinden. Deshalb arbeiten Quantencomputer meist bei extrem niedrigen Temperaturen, um ihre Quantenbits von der Umgebung zu isolieren. Nur unter diesen Bedingungen treten die seltsamen Naturgesetze der Quantenebene in Kraft.

Der Erhaltungssatz der Quanteninformation

Die Naturgesetze der Quantenphysik haben hinsichtlich der Information eine besondere Eigenschaft: den Erhaltungssatz der Quanteninformation. Das bedeutet, dass ein Quantenbit, also die Informationseinheit des Quantencomputers, nicht gelöscht werden kann. Dieses Naturgesetz wird auch als No-Hiding-Theorem (siehe Appendix), also »Kein-Verbergen«-Theorem, bezeichnet. Quanteninformation kann demnach umkopiert oder durch einen Prozess namens Dekohärenz in der Umgebung fein verteilt, niemals aber gelöscht werden. Für uns ist sie nur scheinbar verloren, weil wir technisch nicht in der Lage sind, sie wieder zusammenzusetzen.

Die Erhaltung der Information auf der Quantenebene ist die Folge einer speziellen Symmetrie in der zentralen Gleichung der Quantenphysik, der Schrödingergleichung. Sie beschreibt die Entwicklung eines quantenphysikalischen Systems in der Zeit. Daher erlaubt sie einerseits, dessen Entwicklung in der Zukunft vorherzusagen, andererseits aber auch aus einem aktuellen Zustand die Vergangenheit zu rekonstruieren. Daraus folgt, dass die Information der Vergangenheit in der Zukunft enthalten sein muss. Für die immaterielle Größe Information gilt zumindest auf der Quantenebene ein Erhaltungssatz.

Der Informationserhaltungssatz der Quantenphysik erinnert an den Energieerhaltungssatz. Im Alltag erscheint es uns als selbstverständlich, dass Energie »verbraucht« wird. Beim Autofahren leert sich der Tank mit der Zeit und die chemische Energie verschwindet – so könnte man glauben. Aber Energie kann nicht verschwinden oder verbraucht werden. Stattdessen verteilt sie sich beim Autofahren fein über die Umgebung entlang der Fahrstrecke in Form von Reibungswärme. Die Energie ist nicht weg, sie ist nur »dissipiert«; und genau so verhält es sich auch mit der Information auf der Quantenebene. Durch den Kontakt eines Quantensystems mit der Umgebung dissipiert die Information. Sie ist fein verteilt, aber sie ist noch da.

Der Erhaltungssatz aller Information

Unsere makroskopische Wirklichkeit basiert auf der mikroskopischen Wirklichkeit der Quantenebene. Alle Materie in unserer Umgebung besteht aus Atomen, die nur deshalb stabil sind, weil sie quantenphysikalischen Gesetzen gehorchen. Ohne das, was wir Menschen mit mathematisch anspruchsvollen Werkzeugen wie dem Pauli-Prinzip und der Schrödingergleichung erfassen, gäbe es keine Moleküle, keine Planeten, keine Sterne – und kein Leben. Die Quantenebene ist die Grundlage der Materie und auch der Energie wie zum Beispiel dem Licht, das aus Lichtquanten besteht.

Auf dieser grundlegenden Ebene gilt der Erhaltungssatz der Information. Doch dort endet er nicht, denn er kann auf alle Information, also auch auf die im Text des vorliegenden Buches, erweitert werden. Die Quantenphysik ist allgemeingültig. Verwirrung kann bei der Betrachtung eines Teilsystems entstehen, wenn die Umgebung ausgeblendet wird. Dann scheint es so, als wäre die Information verloren. Nur wenn die Umgebung in die Betrachtung miteinbezogen wird, gilt die Informationserhaltung. Für das Buch allein gilt sie nicht, denn es könnte beispielsweise verbrannt werden, sodass die darin enthaltene Information aus unserer Sicht verloren geht. Aber für das System aus Buch und Umgebung ist die Information noch da, nur eben fein über die Asche und den Rauch des Feuers verteilt. Dieses Phänomen hat mit der Natur der Zeit zu tun. Das Buch ist dadurch, dass es vor seiner Verbrennung zumindest eine Weile existierte, mit der Zukunft verwoben und hat sie verändert; vielleicht nur ein klein wenig, aber sie ist in jedem Fall anders, als wenn das Buch nie geschrieben worden wäre. Das gilt natürlich für alles, was wir tun und wie wir denken. Nach unserem Tod geht unser Bewusstsein also nicht verloren, sondern verteilt sich fein über die Umgebung. Die Zukunft ist ein wenig anders, weil es uns gegeben hat.

Der Krieg um das Schwarze Loch

In Schwarzen Löchern verschwindet Materie auf Nimmerwiedersehen. Was sie verschlucken, ist weg, auf ewig verloren; und die Masse des Schwarzen Lochs wird ein wenig größer. Allerdings verstößt diese Vorstellung gegen das Naturgesetz vom ewigen Anstieg der Entropie. Nehmen wir an, ein Schwarzes Loch verschlingt einen Planeten. Je nachdem, von welcher Art er ist, hat er eine ziemlich hohe Entropie. Das heißt, der Makrozustand des Planeten kann durch eine große Zahl von Mikrozuständen realisiert werden (siehe Appendix: »Entropie«). Dabei spielt seine innere oder äußere Beschaffenheit keine Rolle. Beim Schwarzen Loch ist es anders.

In der klassischen Sichtweise hat ein Schwarzes Loch keine anderen Eigenschaften als Masse, Ladung und Drehimpuls. Diese Sichtweise wird auch No-Hair-Theorem (siehe Appendix) genannt – das Schwarze Loch hat »keine Haare«, also keine individuellen Charakteristika, die über die drei Grundeigenschaften hinausgehen. Die innere Struktur ist immer dieselbe: eine Singularität genau in der Mitte, ansonsten völlige Leere. Es gibt dann eigentlich nur einen Mikrozustand, der den Makrozustand »Schwarzes Loch« beschreibt; das bedeutet eine extrem niedrige Entropie. So weit ist das kein Problem. Wenn nun aber ein Schwarzes Loch einen Planeten mit hoher Entropie verschluckt, bleibt nur ein etwas schwereres Schwarzes Loch mit seiner niedrigen Entropie übrig. Im Gesamtsystem, das aus dem gefressenen Planeten und dem Schwarzen Loch besteht, wäre also nach dem Verschlucken die Entropie drastisch niedriger. Das widerspricht dem Entropiesatz.

Dabei ist außerdem merkwürdig, dass eine Masse eigentlich gar nicht in ein Schwarzes Loch stürzen kann, jedenfalls nicht von außen gesehen. Für einen entfernten Beobachter sähe es so aus, als würde sie sich immer mehr dem Ereignishorizont nähern, ab dem nicht einmal das Licht der Gravitation entkommt, ihn aber niemals erreichen. Denn dort vergeht die Zeit immer langsamer, bis sie schließlich stehen bleibt. Von außen gesehen kann also gar nichts »hineinfallen«. Alles, was jemals mit einem Schwarzen Loch kollidiert ist, klebt immer noch ganz knapp oberhalb des Ereignishorizonts – eingefroren in der Zeit. Diese Objekte bilden sozusagen eine zweidimensionale Hülle um den Ereignishorizont. Entsprechend hat ihre Entropie unser Universum noch nicht verlassen und damit ist dem Naturgesetz vom ewigen Anstieg der Entropie genüge getan.

Über Schwarze Löcher stritten sich einst die berühmten Physiker Leonard Susskind und Stephen Hawking. Es ging dabei um das Informationsparadoxon, also den Widerspruch zwischen dem Informationserhaltungssatz der Quantenmechanik und der Allgemeinen Relativitätstheorie, derzufolge Information in Schwarzen Löchern vernichtet wird. Hawking meinte zunächst, die Relativitätstheorie sei von übergeordneter Bedeutung: Die Information werde vernichtet und die Entropie sinke, weil für den Extremfall einer Singularität, die praktisch außerhalb der Raumzeit steht, die normalen Naturgesetze ihre Gültigkeit verlieren würden. Aber Susskind beharrte darauf, dass die Informationserhaltung auch hier gelten müsse; das folge aus den Grundgleichungen der Quantenphysik. Ein Beispiel, das die beiden diskutierten, war das eines hypothetischen Buches, das in ein Schwarzes Loch geworfen wird. Man fragte sich, ob die darin enthaltene Information verloren sei oder nicht. Lang ging es zwischen den beiden Forschern hin und her. Die Debatte war so spannend – und für die, die sie verfolgten, so informativ –, dass Leonard Susskind später ein echtes Buch mit dem Titel *The Black Hole War* veröffentlichte.

Schließlich konnte er sich auch durchsetzen: Die Information bleibt erhalten und steckt in der Schale um das Schwarze Loch. Man nennt dies heute das Holografische Prinzip, denn eine zweidimensionale Holografie enthält die komplette Information eines dreidimensionalen Objekts. So ähnlich ist es beim Schwarzen Loch, dessen Oberfläche die gesamte Information aller jemals »hineingefallenen« Objekte enthält, allerdings in einer fein verteilten Form. Nach einer extrem langen Zeit wird sie über die Hawking-Strahlung (siehe Appendix) wieder an das Universum zurückgegeben. Die Information bleibt also auch hier erhalten – egal, ob das Schwarze Loch nun einen Planeten oder ein Buch gefressen hat.

Das dritte Postulat

Zusammenfassend gilt also für ein abgeschlossenes, von der Umgebung isoliertes Quantensystem ein Erhaltungssatz für die Information, das No-Hiding-Theorem. Ist das System mit der Umgebung verbunden, kann es zum Transfer von Information kommen, sodass sie sich fein dort verteilt; sie wird »dissipiert«. Für uns ist sie damit aufgrund unserer begrenzten technischen Möglichkeiten verloren, aber im Prinzip wäre es rein theoretisch möglich, sie zu rekonstruieren. Die Umgebung kann zusammen mit dem Quantensystem als Gesamtsystem angesehen werden und dann gilt der Erhaltungssatz wieder streng. Betrachtet man das gesamte uns zugängliche Universum als ein isoliertes System, erstreckt er sich auf alle darin enthaltene Information. Das ist allerdings nur eine Annahme oder ein Postulat. Streng beweisen lässt sich die Allgemeingültigkeit für das Universum nicht. Damit ähnelt der Erhaltungssatz der Information dem Energieerhaltungssatz. Auch hier erscheint es uns in unserem Alltag so, als wäre die Energie verbraucht worden, aber sie wurde lediglich in andere, meist weniger nützliche Formen umgewandelt. Das ist unser drittes Postulat:

Es gibt einen Erhaltungssatz der Information.

5 Schlussfolgerungen

Damit haben wir die drei Postulate zusammen. Bevor wir uns den Konsequenzen zuwenden, die aus ihnen folgen, fassen wir sie hier nochmals kurz zusammen.

1. Das Universum ist voller Leben

Die klassische Physik sagt eine extrem geringe Wahrscheinlichkeit für die Entstehung von Leben vorher. Dennoch existieren wir Menschen. Gelänge es uns also, auf nur einem anderen Planeten als der Erde Leben zu entdecken, erschiene die klassische Argumentation hochgradig unplausibel. Nach dem verallgemeinerten Evolutionsgesetz muss das Universum vor Organismen sogar regelrecht wimmeln. Gelänge es uns umgekehrt, auf mehreren Planeten Leben zu entdecken, wäre das ein starkes Indiz für dessen Korrektheit.

2. Es gibt ein verallgemeinertes Evolutionsgesetz

Im Bereich der belebten Natur ist die Evolutionstheorie die etablierte Erklärung für die Entstehung immer höher entwickelter, komplexerer Lebewesen. Doch wir sehen auch im Bereich der unbelebten Natur und im gesamten Universum eine Entwicklung hin zu höherer Komplexität. Das legt die Existenz eines verallgemeinerten Evolutionsgesetzes nahe, von dem die biologische Evolution lediglich ein Spezialfall ist.

3. Es gibt einen Erhaltungssatz der Information.
Auf der Ebene der Atome, Moleküle und Nanopartikel wissen wir bereits von einem Naturgesetz, demzufolge die Information erhalten bleibt. Wird die Umgebung dieser Quantenpartikel mit einbezogen, lässt sich der Erhaltungssatz auch auf die uns geläufige klassische Information erweitern.

Unter der Annahme, dass sich die drei Postulate als richtig erweisen, ergeben sich Schlussfolgerungen, die sich wie Science Fiction anhören. Sie stoßen weit in Gebiete jenseits der etablierten Physik vor. Dem Leser sollte klar sein, dass es sich dabei keineswegs um gesicherte wissenschaftliche Erkenntnisse handelt. Auch die drei Postulate sind nicht bewiesen, aber sie stellen immerhin plausible Überlegungen auf der Basis gesicherter Erkenntnisse und experimenteller Daten dar. Die im Folgenden dargelegten Schlussfolgerungen gehen jedoch erheblich weiter und stoßen vor in die neblige Zone jenseits der Grenzen unseres Wissens. Schemenhaft werden die Umrisse eines neuen Weltbildes sichtbar. Sie lassen erahnen, dass das Universum mehr ist als eine fortgeschrittene Dampfmaschine, die mit dem Urknall gezündet hat und seither vor sich hin läuft. Diese Vorstellung muss um ein universelles Informationsfeld erweitert werden, das mit Materie und Energie auf einer Ebene steht. Man könnte es die »Intelligenz des Universums« nennen.

Die Suche nach Leben

Wenn das verallgemeinerte Evolutionsgesetz gilt, dann ist die Entstehung von Leben auf geeigneten Planeten nicht extrem unwahrscheinlich, wie es das Weltbild der klassischen Physik suggeriert, sondern die zwangsläufige Konsequenz einer universellen Evolution. Sie beginnt bei einfachen Molekülen, die sich zu komplexen Verbindungen wie beispielsweise bei der hypothetischen

Evolution der RNA-Ketten zusammenfügen, und führt schließlich zur Entstehung des ersten einfachen Einzellers. Ähnliche Abläufe könnten auch auf allen anderen Planeten mit flüssigem Wasser stattfinden.

Die für den Beginn dieses Prozesses notwendigen Bausteine waren in der protoplanetaren Scheibe vorhanden, aus der auch die Erde und die übrigen Planeten unseres Sonnensystems entstanden sind. Für andere Planetensysteme dürften die Bedingungen vergleichbar gewesen sein. Wenn also ein Wasserplanet ungefähr die richtige Temperatur hat, sollte einfaches Leben fast »automatisch« entstehen. Für die Entwicklung höheren Lebens wären zudem Kontinente vorteilhaft. Auch deren Entstehung folgt überall gültigen Naturgesetzen: Auf der Erde existierten anfangs keine Kontinente; sie bildeten sich erst durch Plattentektonik, ein Prozess, der bei Gesteinsplaneten mit Meeren und ausreichender Größe grundsätzlich zu erwarten ist.

Es sollte also überall im Universum Leben geben. Der Beweis steht allerdings noch aus. Würde Leben auf einem anderen Planeten entdeckt werden, wäre dies ein starkes Indiz dafür, dass die Annahme eines Maschinenuniversums, in dem Leben extrem unwahrscheinlich ist, nicht zutrifft. Denn das klassische Weltbild hat eine so geringe Wahrscheinlichkeit für die Entstehung von Leben errechnet, dass es eigentlich nirgends welches geben dürfte, auch nicht auf der Erde.

Unsere kosmische Umgebung enthält sowohl deutlich ältere als auch deutlich jüngere Sonnensysteme als das unsere. Planeten, die nur wenige hundert Millionen Jahre alt sind, können vermutlich kaum höheres Leben tragen, da dessen Entwicklung auf der Erde Milliarden Jahre gedauert hat. Umgekehrt hätten intelligente Wesen in älteren Systemen wesentlich mehr Zeit gehabt, zu entstehen und sich sowohl technologisch als auch zivilisatorisch zu entwickeln.

Warum hören wir nichts von ihnen? Vernichten sie sich selbst durch Kriege? Werden sie über kurz oder lang durch katastrophale Ereignisse wie Asteroideneinschläge oder Supervulkanausbrüche vernichtet? Durchlaufen andere Planeten heftige Schwankungen des Klimas oder der atmosphärischen Zusammensetzung, die immer wieder einen Neustart der biologischen Evolution beim Einzeller erzwingen?

Diese Szenarien beruhen überwiegend auf der Annahme, dass die Bedingungen in unserem Sonnensystem besonders günstig waren, sodass es viele positive Faktoren und vor allem wenige Katastrophen gab. Doch die Daten großer Teleskope legen nahe, dass unsere Verhältnisse nichts Besonderes sind. Wir leben vermutlich in einem durchschnittlichen Sonnensystem weit vom Zentrum der Milchstraße entfernt. Gasriesen wie der Jupiter, der für uns den größten Teil der Asteroiden weggefangen hat, dürften häufiger vorkommen. Auch die Entwicklung einer sauerstoffreichen Atmosphäre ist kein seltenes Phänomen: Uratmosphären starten mit einer hohen Konzentration an Kohlendioxid, das durch Photosynthese teilweise in Sauerstoff umgewandelt wird, was die Entstehung höherer Lebensformen ermöglicht.

Warum finden uns also keine Signale hochentwickelter Zivilisationen? Die Entfernungen sind enorm, sodass es Jahrhunderte dauern könnte, bis sie uns erreichen; und erneut die gleiche Zeit, bis wir darauf reagieren könnten. Zudem gibt es in unserer Galaxie rund 100 Milliarden Sonnen mit noch mehr Planeten, von denen nur ein Bruchteil hochentwickelte Zivilisationen hervorgebracht haben dürfte. Die Suche gleicht der »Nadel im Heuhaufen«.

Es ist auch möglich, dass eine Zivilisation eine derart hohe technologische oder evolutionäre Stufe erreicht hat, dass sie uns Menschen nicht als solche wahrnimmt – oder wir sie nicht. Vielleicht versuchen Außerirdische bereits, über Gravitationswellen, Neutrinos, Impulse Dunkler Materie oder Modulation Dunkler Energie zu kommunizieren – allesamt Kommunikationsformen, die unserem heutigen Verständnis weit überlegen sind. Radiowellen als Medium haben wir selbst erst kürzlich entdeckt.

Es bleibt uns nichts Anderes übrig, als abzuwarten und weiterzusuchen. Die Wahrscheinlichkeit, dass Leben im Universum existiert, ist hoch. Unser derzeitiger Zeitgeist mag das infrage stellen, doch dies beruht eher auf ideologischen als auf wissenschaftlichen Gründen. Der nächste entscheidende Schritt wäre der Nachweis einfachen außerirdischen Lebens, sei es in unserem eigenen Sonnensystem oder in einem benachbarten System. Selbst der Fund eines einzigen Bakteriums würde unser Weltbild grundlegend verändern.

Die Evolution der Information

Die Möglichkeit, dass durch den Erhaltungssatz der Information etwas von unserem Bewusstsein nach dem Tod erhalten bleibt, haben wir bereits kurz erwähnt. Doch eine mindestens ebenso verblüffende Konsequenz daraus lautet, dass es alle Information des Universums schon im Urknall gegeben haben muss. Die Argumentation ist ähnlich wie im Fall der Energie. Wenn diese nicht erschaffen oder zerstört werden kann, dann muss bereits im Urknall alle Energie des Universums vorhanden gewesen sein. Seitdem hat sich die Massen- und Energiedichte durch die Expansion verringert. Der Energieerhaltungssatz ist eines der fundamentalsten Naturgesetze der Physik und folgt laut dem Noether-Theorem (siehe Appendix) aus der Homogenität der Zeit. Solange sie also gleichmäßig fortschreitet, bleibt die Energie erhalten. Dies ist, soweit wir wissen, auch der Fall – zumindest seit dem Ende der Inflationsphase kurz nach dem Urknall. Zwar gibt es bedingt durch die Schwerkraft einzelne Zonen langsamer vergehender Zeit, aber diese befinden sich nur in der unmittelbaren Umgebung starker Gravitationsfelder. Im größten Teil des Universums schreitet die Zeit linear voran; entsprechend sollte der Energieerhaltungssatz gelten.

Es gibt noch eine weitere mögliche Ausnahme. Das Universum dehnt sich nicht nur aus, sondern die Expansion beschleunigt sich. Die Energiequelle dafür ist uns jedoch unbekannt und steht vermutlich außerhalb der uns bekannten Naturgesetze, weshalb die Physik sie passenderweise Dunkle Energie nennt. Auf der globalen Ebene des gesamten Universums, wo sich die Raumzeit durch die Expansion selbst verändert, ist die Gültigkeit des Energieerhaltungssatzes also fraglich. Wir können ihn nur für bestimmte Raumbereiche, in denen die astronomischen Objekte gravitativ gebunden sind, wie beispielsweise Galaxienhaufen, garantieren. Der Erhaltungssatz der Information ist wahrscheinlich ähnlichen Bedingungen unterworfen: Wir nehmen an, dass für große Teilbereiche des Universums wie Galaxiencluster die Informationserhaltung analog zur Energie- und Massenerhaltung gültig ist.

Kurz nach dem Urknall muss die Informationsdichte ähnlich der Energiedichte enorm hoch gewesen sein. Seitdem fällt sie kontinuierlich. Umgekehrt war die Entropie zu Beginn niedrig; seitdem steigt sie. Man kann sich das Universum zu diesem Zeitpunkt als gleichmäßig mit Energie, Materie und Information angefüllt vorstellen. Dann begann die lange Evolution: Die Materie verdichtete sich zu Galaxien, Sternen und Planeten. Mehr und mehr chemische Elemente entstanden. Komplexität sammelte sich um die Himmelskörper herum an. Parallel und im Gegensatz dazu entstanden die riesigen Voids, Leerräume ohne Energie, Materie und Information. Je komplexer die Strukturen im Universum wurden, desto stärker konzentrierte sich die Information.

Der Evolutionsprozess in der unbelebten Natur, der durch den Verbrauch von Energie einen lokalen Anstieg der Komplexität erlaubt, ist bisher nur eine Idee – allerdings eine, die mit vielen Beobachtungen belegt werden kann. In der belebten Natur gilt die Evolution als eine etablierte Erkenntnis. Bezüglich der unbelebten Natur wurde und wird davon ausgegangen, dass es keine Evolutionsprozesse gibt, sondern im Gegenteil, dass sich alles hin zu geringerer Komplexität entwickelt. Ähnliches dachte und denkt man über die Information. Beides ist nach den Postulaten in diesem Buch falsch: Evolution und Information existieren in der gesamten Natur.

Durch evolutionäre Prozesse hat sich die Information zunächst in der unbelebten und später in der belebten Natur immer mehr konzentriert. Die komplexesten Objekte im bekannten Universum sind unsere Gehirne und damit unser Bewusstsein. Nimmt man den Erhaltungssatz der Information also ernst, ist unser Geist die derzeit größte Ansammlung der kosmischen Information, die seit Anbeginn des Universums existiert. Diese Schlussfolgerung ergibt sich aus dem verallgemeinerten Erhaltungssatz der Quanteninformation. Für die Quanteninformation selbst gilt der Erhaltungssatz ohne Einschränkung, nur die Verallgemeinerung hat bisher lediglich den Status eines Postulats.

Eine bekannte Idee, die in eine ähnliche Richtung geht, stammt von dem Physiker John Archibald Wheeler, der den Ausspruch »It from Bit« prägte. Danach ist Information der Urgrund des Seins und die Materie, die Galaxien, die Sterne, die Planeten und das Leben sind lediglich Erscheinungsformen dieser immateriellen Größe. Das im vorliegenden Buch errichtete Gedankengebäude sieht das etwas anders. Materie und Information stehen gleichberechtigt nebeneinander, wenn auch in enger Verbindung.

Von Wheeler stammt eine weitere faszinierende Idee, nämlich die des »partizipatorischen Universums«. Ihr zufolge entsteht die Realität erst im Zuge der Beobachtung durch ein bewusstes Wesen wie den Menschen. Das widerspricht dem hier vertretenen Ansatz, laut dem das Universum auch existieren würde, wenn es keine Lebewesen gäbe, um es zu betrachten. Die normalen Naturgesetze erlangen für ein System genau dann Gültigkeit, wenn es im Kontakt mit der Umgebung steht; ansonsten gelten die fremdartigen Gesetze der Quantenphysik. Insofern entsteht die uns bekannte Realität zwar durch einen Informationsaustausch – nämlich den mit der Umgebung –, aber eines bewussten Wesens bedarf es dazu nicht. Das menschliche Bewusstsein ist insofern etwas Besonders, dass es die vorerst höchste bekannte Konzentration an Komplexität darstellt. Aber dabei handelt es sich laut dem hier dargelegten Modell nur um einen graduellen Unterschied, keinen fundamentalen.

Zusammenfassend ist das Universum also seit Anbeginn der Zeit nicht nur von Materie, sondern auch von Information erfüllt. Diese war kurz nach dem Urknall fein verteilt; entsprechend gering war das Maß an Komplexität. Das heiße Gas verdichtete sich jedoch zu Galaxien, Sonnen und Planeten und mit ihm die Information. In Zonen, in denen ausreichend Energie hoher Qualität und niedriger Entropie zur Verfügung stand, konzentrierte sie sich noch weiter und schließlich entstand Leben. Die höchste Konzentration an Information ist, zumindest nach unserem derzeitigen Wissen, der menschliche Geist.

Die Feinjustierung des Universums

Eine der großen Fragen der Physik ist die Feinjustierung des Universums, sodass Leben existieren kann. Die Naturgesetze, Naturkräfte und Naturkonstanten müssen sich in einem engen Bereich bewegen, sonst hätten Galaxien, Sterne und Planeten nie oder nur in drastisch anderer Form entstehen können; von biologischen Organismen ganz zu schweigen. Ein besonders eindrückliches Beispiel ist der oben beschriebene Drei-Alpha-Prozess (siehe Appendix), der im Innern von Sonnen die Synthese von Kohlenstoff, dem Element des Lebens, ermöglicht. Die Maßschneiderung gilt in ähnlicher Weise auch für andere fundamentale Eigenschaften des Universums. Einen Grund dafür konnte die Physik bisher nicht finden. Die Spekulationen rangieren von einem Schöpfergott über hochtrabende Science-Fiction-Szenarien wie Multiversen oder ein Megaversum (siehe Appendix) bis hin zu der Existenz unbekannter Naturgesetze. Obwohl die Feinjustierung auch häufig als Zufall abgetan wird, empfindet nicht jeder diese Erklärung als zufriedenstellend. Wir Menschen sind neugierige Wesen, die wissen wollen, was die Welt im Innersten zusammenhält. Bisher hat sich unsere Neugier bezahlt gemacht, denn die Naturwissenschaft fördert immer noch beständig neue Erkenntnisse zutage. Wir sollten vorerst also weiterfragen.

Mit den drei Postulaten ergibt sich eine neue mögliche Erklärung, die den Vorteil hat, dass sie ohne Gott, Multi- und Megaversum oder unbekannte Naturgesetze auskommt. Die Idee ist, dass das uns bekannte Universum in den ersten Anfängen seiner Entwicklung eine Evolution der Naturgesetze durchlaufen hat. Wie wir mittlerweile wissen, entwickelt sich auch die unbelebte Natur hin zu immer höherer Komplexität. Daher ist es denkbar, dass sich das Universum selbst – und damit das Gewebe der Raumzeit mit seinen Naturgesetzen, Naturkräften und Naturkonstanten – in Wechselwirkung mit den immateriellen Größen Energie, Information und Entropie evolutionär in eine bestimmte Richtung entwickelt hat. Dabei könnten sich die Kennzahlen so angepasst haben, dass das Universum zu der für die Entwicklung von Komplexität optimierten Bühne geworden ist, die wir heute beobachten.

Um einen solchen Evolutionsprozess zu ermöglichen, müssen die Naturgesetze, Naturkräfte und Naturkonstanten anfangs noch nicht fix, sondern variabel gewesen sein. Es gibt Argumente, die für diese Idee sprechen, und Argumente, die dagegensprechen. Dagegen spricht, dass die Naturgesetze, Naturkräfte und Naturkonstanten über gigantische Entfernungen und Zeiträume konstant sind. Speziell Letztere wurden äußerst genau untersucht, aber stets kam dabei heraus, dass sie sich fast seit Anbeginn der Zeit nicht verändert haben und sie ihrem Namen daher alle Ehre machen. Das James-Webb-Teleskop etwa beobachtete Galaxien in gewaltigen Entfernungen, die in der Frühphase des Universums entstanden waren. Ihr Licht verrät der Wissenschaft, dass die elektromagnetische Naturkraft und die dazugehörige Naturkonstante, die sogenannte Feinstrukturkonstante, damals exakt den gleichen Wert hatten wie heute. Allerdings sind die Galaxien erst Jahrmillionen nach dem Urknall entstanden – für eine Evolution der Naturgesetze wäre also ausreichend Zeit gewesen. Dagegen erlauben einige wenige experimentelle Daten wie zum Beispiel die kosmische Hintergrundstrahlung und die Elementverteilung Rückschlüsse auf die Vorgänge unmittelbar nach dem Urknall. Das Standardmodell der Kosmologie leitet aus ihnen die Annahme ab, dass die uns bekannten Naturgesetze bis fast zum Zeitpunkt Null zurückextrapoliert werden können. Das spricht gegen die Idee einer Evolution zu Beginn des Universums.

Allerdings kann diese Annahme nicht allumfassend richtig sein, da das Urknallmodell einige Merkwürdigkeiten oder »Flicken« aufweist. Da wäre zum Beispiel die Inflationsphase, die man einführen musste, um das sogenannte Horizontproblem zu lösen, das sich aus der erstaunlichen Gleichförmigkeit des Universums über gigantische Distanzen hinweg ergibt. Die kosmische Hintergrundstrahlung hat, egal aus welcher Richtung sie kommt, immer die exakt gleiche Temperatur, obwohl die erfassten Raumbereiche heute unfassbar weit auseinanderliegen. Damit die Messwerte auf vier Stellen hinter dem Komma genau übereinstimmen können, müssen diese Zonen zumindest zu einem früheren Zeitpunkt in engem Kontakt gestanden haben. Deshalb nimmt das Standardmodell an, dass das Universum zunächst kompakt zusammengepresst war, um im nächsten Augenblick in einer überlichtschnellen Inflation massiv zu expandieren. Diese stoppte dann plötzlich und ging in eine normale, knapp lichtschnelle Expansion über. Die Inflationsphase ist ein »Flicken« des Urknallmodells; ohne sie würde die ganze Theorie kollabieren, weil sie mehrere Beobachtungen nicht erklären könnte. Diese nach Meinung des Autors wenig überzeugende Behelfslösung zeigt, dass die Vorgänge in den ersten Momenten der Existenz des Universums noch nicht vollständig verstanden werden. Daher ist es durchaus möglich, dass die Naturgesetze in den ersten Bruchteilen von Augenblicken nach dem Urknall, in denen auch die Inflation stattgefunden haben soll, eine Evolution durchliefen.

Dazu passend existiert zumindest eine Theorie, die eine Veränderung der Naturkräfte annimmt. Sie behandelt die Frage, warum es genau vier von ihnen gibt: die Schwache, die Starke, die elektromagnetische Wechselwirkung und die Gravitation. Das Modell geht davon aus, dass zu Beginn nur eine Naturkraft existierte. Das war zu einer Zeit extrem kurz nach dem Urknall unter Bedingungen extrem hoher Energie- und Materiedichte. Dann expandierte das Universum und kühlte ab. Durch die sinkende Energiedichte zerfiel die eine Urkraft in die vier heute bekannten Naturkräfte. Aber was bestimmte ihre »Aufteilung« und relative Stärke zueinander? Wenn eine Einheitskraft zu vier äußerst unterschiedlichen Kräften zerfällt, kann das als ein Anwachsen der Komplexität gewertet werden. Vielleicht unterlagen diese extrem frühen Prozesse der Ausformung der Grundeigenschaften des Universums bereits dem verallgemeinerten Evolutionsgesetz; und vielleicht hat das zu der Maßschneiderung, die wir beobachten, geführt. Es bleibt abzuwarten, wie sich das Standardmodell der Kosmologie weiterentwickelt. Möglicherweise wird es neue experimentelle Daten geben, die wiederum neue Hypothesen befeuern; eventuell auch welche zur Ausformung der Naturgesetze, Naturkräfte und Naturkonstanten. Das Wechselspiel der drei immateriellen Größen Energie, Information und Entropie könnte dabei schon früh nach dem Urknall eine wichtige Rolle gespielt haben.

Es gibt noch ein letztes Argument für eine frühe Evolution des Universums hin zur Existenz von Leben. Quantenphysikalische Versuche wie das oben behandelte Doppelspaltexperiment (siehe Appendix) zeigen, dass die Naturgesetze unserer Wirklichkeit erst durch einen Informationsaustausch mit der Umgebung Gültigkeit erlangen. In Isolation verhalten sich die Systeme dagegen fremdartig. Das gilt zum Beispiel für Elementarteilchen und Nanopartikel, denn für sie lässt sich eine Trennung vom Informationsfeld relativ einfach erreichen. Normalerweise wird die Kopplung durch alle physikalischen Wechselwirkungen, die Information tragen können, vermittelt. Die wichtigste und häufigste davon ist die Absorption und Emission von Wärmestrahlung, mit der Elementarteilchen und Nanopartikel aber nicht oder nur wenig wechselwirken. Daher lassen sie sich relativ leicht in die fremdartige Welt der Quantenphysik versetzen, während das für makroskopische Objekte, die über die kosmische Hintergrundstrahlung oder über die Leuchtkraft der Sonnen praktisch immer Wärmestrahlung absorbieren und emittieren, sehr schwierig ist. Erst der Informationsaustausch erzeugt also unsere Wirklichkeit; ohne ihn wäre auch unsere Realität eine andere. Deshalb erscheint es plausibel, dass sich die Naturgesetze in der

Frühphase des Universums zusammen mit den Elementarteilchen, der Energie und der Information entwickelt haben.

Energie, Information und Entropie

Die Quantenphysik kann so interpretiert werden, dass es zwei Arten von Naturgesetzen gibt: Einerseits die geläufigen Gesetze der Wirklichkeit, wie wir sie kennen, wo ein Teilchen ein Teilchen und eine Welle eine Welle ist, und andererseits die der Quantenphysik, in denen alles zu Wellen verschwimmt und sich zeitlose Phänomene wie die Quantenteleportation (siehe Appendix) ereignen. Welche Art von Naturgesetzen für ein Objekt gilt, entscheidet die Ankopplung an das Informationsfeld: Ist es angekoppelt, gelten die geläufigen Gesetze, ist es nicht angekoppelt, gelten die der Quantenwelt.

Bei der Information handelt es sich um eine immaterielle Größe, die nicht ohne einen Träger wie Papier, Schaltkreise oder Schallwellen existieren kann. Ähnliches gilt für das Informationsfeld. Hier ist der Träger hauptsächlich die Wärmestrahlung, wie etliche Experimente in der Vergangenheit belegt haben. Das war auch das Ergebnis der Debatte zwischen Leonard Susskind und Stephen Hawking über die Informationserhaltung in einem Schwarzen Loch. Schließlich musste Hawking seinem Kollegen Susskind recht geben. Die Information, die beispielsweise in einem Buch, das in ein Schwarzes Loch fällt, enthalten ist, wird letztlich über die Hawking-Strahlung (siehe Appendix), eine Art Wärmestrahlung, an das Universum zurückgegeben. Sie bleibt also erhalten. Hawking revidierte seine ursprüngliche Ansicht, dass diese Strahlung rein statistischer Natur sei, und meinte später, dass sie durchaus Information enthalten könne.

Aus den drei Postulaten und den gerade genannten Bausteinen physikalischer Erkenntnisse entwickeln wir folgende Vorstellung von der Bedeutung der Information im Universum: Im

Urknall wurde unsere Wirklichkeit mit allen ihren Naturgesetzen, Naturkräften und Naturkonstanten geboren. Sie ist eingebettet in eine höhere Wirklichkeit, die wir nicht kennen und in der fremde Naturgesetze herrschen. John Archibald Wheeler meinte, dass unsere Welt erst durch die Beobachtung eines bewussten Wesens entstehe. Besser zu den Erkenntnissen der modernen Physik passt aber das Bild, dass sie erst durch die Beobachtung des Universums, also der Umgebung, entsteht. Dies ist gleichbedeutend mit der Ankopplung an das nahezu allgegenwärtige Informationsfeld.

Alles, was daran angekoppelt ist, unterliegt den normalen Naturgesetzen. Man könnte umgekehrt auch sagen, dass erst das Feld die Wirklichkeit, wie wir sie kennen, erzeugt. Information ist immateriell, benötigt aber wie Energie und Entropie einen Träger, in diesem Fall die in unserem Universum allgegenwärtige Wärmestrahlung. Sie wird von jedem Objekt, das eine Temperatur oberhalb des absoluten Nullpunkts hat, abgegeben. Ebenso absorbiert jeder Körper Wärmestrahlung aus der Umgebung. Deshalb arbeiten Quantencomputer typischerweise bei extrem tiefen Temperaturen. Sogar die riesigen Leerräume im Universum, die Voids, werden von der Reststrahlung aus dem Urknall, der kosmischen Hintergrundstrahlung, durchströmt.

Man kann unsere Wirklichkeit als eine Blase ansehen, die in einer fremden Unendlichkeit »schwimmt« und die durch das Informationsfeld darin aufrechterhalten wird. Vielleicht besitzt dieses Feld sogar eine Intelligenz, da es das Universum so geformt hat, dass Evolution und damit Leben darin möglich sind. Beim Leben handelt es sich um nichts anderes als konzentrierte Information; und die höchste Konzentration findet sich im menschlichen Geist. Wir wissen bisher nur wenig über das Informationsfeld, außer das es immateriell ist und unsere Wirklichkeit erzeugt. Immerhin seine Existenz können wir als recht gesichert betrachten.

Diese Mysterien sind Hinweise darauf, dass es jenseits unseres Horizonts etwas gibt, das wir nicht verstehen. Dabei bleibt offen, ob das überhaupt möglich ist oder ob unser beschränkter Geist zwangsläufig daran scheitern muss.

6 Was bedeuten diese Erkenntnisse für uns?

Unser Weltbild verändert sich. Die Ablehnung der Religion wie in Richard Dawkins' *Der Gotteswahn* ist einem Zeitgeist geschuldet, der noch auf den Erkenntnissen der Physik des letzten Jahrhunderts beruht und sich nur mit rein stofflichen Dingen wie Galaxien, Sonnen und Atomen beschäftigt. Auf dieser klassischen Betrachtungsweise basiert das Naturgesetz von der ewigen Zunahme der Entropie. Der Zeitpfeil geht dabei immer in Richtung Unordnung, Chaos und Tod. Leben ist nichts als ein extrem unwahrscheinlicher Zufall.

Das klassische Weltbild beschreibt die augenscheinliche Oberfläche der Wirklichkeit. Aber darunter verbirgt sich viel mehr; eine immaterielle Ebene der Wirklichkeit. Die Naturgesetze, die dort gelten, geben der Zeit die entgegengesetzte Richtung hin zu immer höherer Komplexität und letztlich zum Leben. Schaut man wissenden Auges auf das Universum, sieht man überall Evolutionsprozesse, die dem Zeitpfeil der klassischen Physik zuwiderlaufen.

Evolution als zweites Grundprinzip des Universums

Während also die klassische Physik für isolierte Systeme die Entwicklung hin zu geringerer Komplexität als das Grundprinzip des Universums ansieht, beobachten wir daneben ein zweites, gegenläufiges Grundprinzip einer Entwicklung hin zu höherer Komplexität, das auf dem verallgemeinerten Evolutionsgesetz basiert.

Dieses gilt nicht nur für die belebte Natur, sondern auch für die unbelebte Natur und damit für das ganze Universum.

Evolution benötigt zwei Dinge: zum einen Energie, zum anderen einen Informationsspeicher. Erstere ermöglicht ein lokales Sinken der Entropie und dadurch die Schaffung von Ordnung und Komplexität. Isolierte Systeme, wie die klassische Physik sie betrachtet, sind solche, die von außen keine Energie erhalten, weshalb die Komplexität darin nur abnehmen kann. Doch das Universum geht äußerst verschwenderisch mit Energie um. Das ermöglicht überall lokale Entwicklungen hin zu höherer Komplexität.

Daneben benötigen Evolutionsprozesse einen Informationsspeicher. Für die klassische Physik existiert Information nur als Wissenstransfer von einem Sender zu einem Empfänger, der daher ausschließlich in der belebten Natur möglich ist. Dort dienen als Informationsspeicher die Kettenmoleküle der Erbsubstanz, also der DNA oder der RNA. Ohne sie wäre kein Leben möglich. Doch inzwischen haben wir gesehen, dass Information in einem allgemeineren Sinn ebenso auch in der unbelebten Natur existiert.

Wir haben dazu die Funktionale Information (siehe Appendix) als diejenige Informationsmenge definiert, die notwendig ist, um ein Objekt in der Form von Computerbits hinreichend zu beschreiben. Damit wird dieses, egal ob belebt oder unbelebt, gleichzeitig auch zum Informationsspeicher seiner eigenen Struktur. Die Funktionale Information ist ein geeignetes Maß für das Konzept, das wir als Komplexität bezeichnen, und erlaubt daher die Beschreibung von Evolutionsprozessen in der unbelebten Natur. Im Wechselspiel von Mutation und Selektion finden so überall im Universum, angetrieben durch Energie, Entwicklungen hin zu höherer Komplexität statt. Die biologische Evolution ist deshalb nur als Spezialfall des allgemeinen Gesetzes zu betrachten.

Ohne Weiterentwicklung kein Fortbestehen

Das verallgemeinerte Evolutionsgesetz gilt für den gesamten Kosmos. Man könnte sogar argumentieren, dass es sich auf die menschlichen Kulturen erstreckt. In gewisser Weise ist es unerbittlich: Das Universum schreitet auf breiter Front zu höherer Komplexität voran und Systeme, die bewusst stehen bleiben und Innovationen ablehnen oder blockieren, müssen verschwinden. 99,9 Prozent der Arten, die jemals existiert haben, sind mittlerweile ausgestorben – abgelöst von höher entwickelten Konkurrenten, die besser an ihre Umwelt angepasst waren.

Deshalb liegt es nahe, dass auch Kulturen, die stehen bleiben, erlöschen werden. Derzeit grassiert eine Ideologie der Nachhaltigkeit, die meint, man müsse in einen stabilen, also einen sich nicht mehr verändernden, Zustand einschwenken. Aber so etwas gibt es im Universum nicht. Kurzlebige Organismen wie der Mensch haben vielleicht den Eindruck von Stabilität, aber das liegt nur daran, dass manche Veränderungen auf den kurzen Zeitskalen des menschlichen Denkens kaum zu bemerken sind. Zu dieser Ideologie gehört auch die Illusion eines natürlichen Gleichgewichts. Doch das Leben kann nur in Systemen des Ungleichgewichts existieren. Gleichgewicht bedeutet ein Maximum an Entropie – und damit den Tod.

Die Trennlinie zwischen belebter und unbelebter Natur verschwimmt

In der klassischen Sichtweise existieren Evolution und Information nur in der Domäne der belebten Natur. Aber mit dem verallgemeinerten Evolutionsgesetz können Entwicklungen hin zu höherer Komplexität auch in der unbelebten Natur erklärt werden. Analog ist die Funktionale Information die Verallgemeinerung der klassischen Information auf die gesamte Natur; ihr Gehalt kann für jedes beliebige Objekt angegeben werden.

Für eine Evolution hin zu höherer Komplexität ist in der Biologie ein Wechselspiel aus Mutation und Selektion notwendig. Auch dieses Konzept lässt sich durch die Funktionale Information auf alle Objekte der belebten und unbelebten Natur ausweiten. Da beide Prozesse, Mutation und Selektion, Energie erfordern, ist ein Anwachsen der Komplexität einzig durch ihren Verbrauch möglich. Das folgt allein schon aus der Natur der Entropie, die nur dann sinken kann, wenn Energie investiert wird. Denn höhere Komplexität bedeutet einen höheren Grad an Ordnung und damit eine niedrigere Entropie.

Durch die Verallgemeinerung der Konzepte Evolution und Information verschwimmt die Trennlinie zwischen belebter und unbelebter Natur immer mehr. Allerdings ist der Grad an Komplexität und der Gehalt an Funktionaler Information bei lebenden Wesen um viele Größenordnungen höher als selbst bei den komplexesten Himmelskörpern, Felsformationen oder Artefakten; doch nun handelt es sich nur noch um einen graduellen Unterschied, nicht mehr um einen kategorischen. Aus den obigen Gedanken folgen zwei Konsequenzen:

1. Die Entstehung von Leben aus unbelebter Materie ist nun keineswegs mehr unwahrscheinlich, sondern die logische Fortsetzung der Evolutionsprozesse in der unbelebten Natur. Daher sollte es auf allen Planeten mit einigermaßen günstigen Bedingungen Leben geben.
2. Information ist möglicherweise eine ähnlich fundamentale Größe wie die Energie und die Entropie. John Archibald Wheeler prägte die Parole: »It from Bit« und deutete damit schon früh an, dass Information womöglich fundamentaler sein könnte als die Materie.

Gibt es eine höhere Wirklichkeit?

Obwohl sich die merkwürdigen Phänomene der Quantenphysik mathematisch korrekt beschreiben lassen, entziehen sie sich jedem Versuch eines Verstehens durch den menschlichen Geist. In Sphären, die von unserem Raumzeitgefüge gänzlich entkoppelt sind, geschehen Dinge, die unser Begriffsvermögen übersteigen. Der oben vorgestellten Interpretation zufolge wird unsere »normale« Welt erst im Kontakt mit einem allumfassenden Informationsfeld real. Dieses ist zwar immateriell, benötigt aber wie jede andere Information einen Träger. In unserem Universum dient die Wärmestrahlung als Medium. Sonst wissen wir nur wenig über das Informationsfeld. Möglichweise können wir seine wahre Natur grundsätzlich nicht verstehen. Sie geht über unseren Horizont hinaus, so wie beispielsweise ein Hund vom Konzept eines Buches hoffnungslos überfordert ist.

Allgemein ist die Bedeutung der Information für unsere Wirklichkeit bisher unklar und rätselhaft. Die Forschung erinnert derzeit ein wenig an die Entdeckung der Elektrizität. Heute ist unser Leben ohne elektrischen Strom nicht denkbar; angefangen bei der Beleuchtung über das Handy bis hin zur künstlichen Intelligenz. Doch die Revolution begann bescheiden: Luigi Galvani experimentierte mit verschiedenen Metallen und präparierten Froschschenkeln, deren Muskeln plötzlich kontrahierten, als er sie unabsichtlich unter Strom setzte. Er besaß keine Vorstellung davon, was er da gerade entdeckt hatte, aber er wusste immerhin, dass er auf etwas Neues und möglicherweise Bedeutendes gestoßen war. So geht es uns heute wieder mit dem Informationsfeld.

Vielleicht ist das Informationsfeld sogar das eigentliche Fundament unseres Universums; denn erst im Kontakt mit ihm erhalten die vertrauten Naturgesetze ihre Gültigkeit. Die fremden Naturgesetze der Quantenwelt gehören möglichweise zu einer höheren Ebene der Wirklichkeit und treten nur für Objekte, die nicht an unser Universum angekoppelt sind, in Erscheinung. Durch Phänomene wie die Quantenteleportation oder den Kollaps einer Wellenfunktion erhalten wir einen kurzen Einblick in diese uns fremde, anscheinend zeitlose Welt. Seit Albert Einstein wissen wir, dass Zeit untrennbar mit den drei Dimensionen des Raums verbunden ist. Unser Universum erscheint somit vielleicht als eine Raumzeitblase innerhalb dieser höheren Wirklichkeit. Erst wenn wir deren bislang rätselhafte Gesetze durchdrungen haben, werden wir verstehen können, wie alles im Urknall entstanden ist – sofern unser Geist nicht an dieser Aufgabe scheitert.

Welche Bedeutung hat der Tod?

Das verallgemeinerte Naturgesetz von der Erhaltung der Information bedeutet auch, dass etwas von uns übrigbleibt, wenn wir sterben. Ähnlich wie mit dem Buch aus der Debatte zwischen Susskind und Hawking, das im Schwarzen Loch verschwindet, verhält es sich mit unserem Bewusstsein und unseren Erinnerungen. Die Information ist auch nach unserem Tod noch da, nur fein über die Umgebung verteilt. Uns fehlen zwar die technischen Mittel, um sie zurückzuholen – ebenso wie uns die technischen Mittel fehlen, um die chemische Energie im Tank eines Autos zurückzuholen, die sich beim Fahren als Wärme fein über die Strecke verteilt hat –, aber aus Sicht der Physik gibt es sie noch.

Daraus folgt auch, dass alles, was wir tun und denken und sind, nach unserem Tod noch eingewoben in die Zeit vorhanden ist. Die Zukunft sieht ein klein wenig anders aus, weil wir gelebt haben; ebenso wie unsere Gegenwart anders aussähe, wenn die Dinosaurier nicht existiert hätten. Die beiden Erhaltungssätze der Information und der Energie haben viel mit der Zeit zu tun. Ihre wahre Natur ist der Physik – wie wir bereits früh in diesem Buch gesehen haben – nach wie vor ein Rätsel. Aber wenn der verallgemeinerte Satz von der Informationserhaltung tatsächlich gilt, dann bleibt nach unserem Tod etwas von uns übrig – ein tröstlicher Gedanke.

Bezug zum Buddhismus

Das hier errichtete Gedankengebäude stimmt in einigen Aspekten verblüffend gut mit den Lehren des Buddhismus überein. Das Nirwana ist ein geistiger Zustand der Transzendenz jenseits von Raum und Zeit sowie jenseits von Ich oder Nicht-Ich, bei dem durch Meditation die Abkehr von Leiden, Gier, Hass und Wahn erreicht wird. Das erinnert an das körperlose und zeitlose Informationsfeld, in dem ebenfalls kein Ich existiert. Der Buddhismus kennt trotz des Glaubens an die Wiedergeburt keine ewige Seele, also kein beständiges Ich. Stattdessen geht unser Bewusstsein den buddhistischen Lehren zufolge nach dem Tod in einen allgemeinen Energiestrom über und manifestiert sich über das Rad der Wiedergeburten daraufhin in einem anderen Lebewesen. Dies steht in Analogie zur Konzentration der Information in einem Bewusstsein, das nach dem Tod fein über die Umgebung verteilt wird. Eine solche Übereinstimmung ist erstaunlich.

Der größte Unterschied zwischen der Theorie des Informationsfeldes und dem Buddhismus besteht darin, wie man das Nirwana erreichen kann; nämlich, indem man allem Antrieb zum Handeln und zur Weiterentwicklung entsagt. Die Lehren streben einen konstanten, sich nicht mehr verändernden Zustand des Gleichmuts an. Im Universum existieren solche Zustände nicht oder sie sind jedenfalls nicht zukunftsfähig. Eine buddhistische Idealgesellschaft würde letztlich von Kulturen oder Staaten abgelöst werden, die höhere Entwicklungsstufen erklommen haben. Das Universum kennt kein Pardon gegenüber denen, die sich dem Fortschritt verweigern.

Gibt es einen Gott?

Die Experimente der Quantenphysik zeigen, dass ein Informationsaustausch in der unbelebten Natur stattfindet, der die normalen Naturgesetze quasi »einschaltet«. Die Existenz dieser immateriellen Komponente der Realität ist angesichts dessen kaum zu leugnen. Der Information eine so fundamentale Rolle zuzuweisen – wir denken an Wheeler und sein »It from Bit« –, bedeutet eine dramatische Umwälzung im Weltbild der Physik. Das beendet die lange Phase einer alles erdrückenden materialistischen Sichtweise, die die Hypothese einer höheren geistigen Ebene der Realität vehement verleugnet hat. Das Universum ist nicht geistlos.

Hat man damit nun gezeigt, dass etwas Göttliches existiert? Die Entdeckungen der Physik werden weitergehen und immer tiefer in die verborgenen Lagen der Wirklichkeit vordringen. Eine Zeit lang verharrte sie zwar an der Oberfläche und hielt das Universum fälschlicherweise für eine kalte Maschine. Doch dabei blieben zu viele Fragen unbeantwortet, sodass die Forschung in tiefere Schichten unter der Oberfläche stieß. Schließlich entdeckte die Physik die Rolle der Information in der unbelebten Natur. Um was es sich dabei genau handelt, ist bis heute ein Rätsel. Irgendwann wird die Physik wieder einen Sprung nach vorne tun und eine höhere Stufe der Erkenntnis erlangen. Doch derzeit können wir darüber keine Aussagen treffen, weder wissenschaftlich noch spirituell. Wir wissen nur, dass es viel mehr geben muss als das, was wir heute kennen.

Die Intelligenz des Universums

Das Informationsfeld, das das gesamte bekannte Universum ausfüllt, könnte man auch als die »Intelligenz des Universums« bezeichnen. Selbst einfaches Leben repräsentiert bereits eine hohe Konzentration dieses Feldes und die Intelligenz des Menschen sogar die höchste im uns bekannten Universum. Obwohl die Physik und die anderen Naturwissenschaften beträchtliche Fortschritte gemacht haben, sind viele fundamentale Fragen noch immer unbeantwortet.

Da ist zum Beispiel die Frage nach der Ursache des Urknalls. Derzeit geht man von einer Singularität am Anbeginn der Zeit aus, die sich dem Zugriff sowohl der Naturwissenschaft als auch des logischen Denkens entzieht. Auch auf die Frage nach dem Wesen der Zeit gibt es bisher nur unbefriedigende Antworten. Dem Standardmodell der Kosmologie zufolge entstand das Universum mit einer festgelegten Menge an Materie und Information. Für diese Größen gelten Erhaltungssätze, sodass sich ihre Gesamtmengen, soweit wir heute wissen, nicht ändern können. Zunächst war das primordiale heiße Gas gleichmäßig verteilt, doch dann begann die Materie, sich zu Galaxien, Sonnen und Planeten zu verdichten. Ähnliches galt für die Information. Auf Planeten mit günstigen Bedingungen konzentrierte sie sich, sodass Leben, Intelligenz und Bewusstsein entstanden. Das geschah zumindest auf der Erde, aber das verallgemeinerte Evolutionsgesetz sagt voraus, dass etliche Planeten mit Leben und selbst intelligente Zivilisationen wie die unsere existieren.

Vielleicht besitzt das Informationsfeld auch als Gesamtheit eine Art Intelligenz, die uns aber fremd, unfassbar und gewaltig erscheinen muss. Noch ist unser Geist zu schwach, um sein Wesen zu erfassen. Von allem, was die Physik bisher über unsere Wirklichkeit herausgefunden hat, kommt das immaterielle und allumfassende Informationsfeld der Vorstellung einer göttlichen Wesenheit jedenfalls am nächsten.

7 Appendix: Hintergrundwissen

In diesem Appendix werden wichtige Begriffe und Phänomene, die im Haupttext immer wieder vorkommen, näher erklärt und stellenweise erweitert.

- DNA
- Doppelspaltexperiment
- Drei-Alpha-Prozess
- Entropie
- Entstehung des Lebens
- Funktionale Information
- Hawking-Strahlung
- Hauptsätze der Thermodynamik
- Komplexität
- Megaversum
- Multiversen
- Noether-Theorem
- No-hair-Theorem
- No-hiding-Theorem
- Nukleosynthese
- Quantenteleportation
- RNA
- RNA-Welt

DNA

Bei der Desoxyribonukleinsäure, abgekürzt DNA, handelt es sich um ein äußerst langes Molekül, das als Informationsspeicher des Lebens dient. In ihr ist der jeweilige Bauplan eines Organismus gespeichert. Dieser besteht aus verschiedenen Nukleotiden, die in der Analogie die Buchstaben, Zahlen und Striche des Plans repräsentieren. Die geometrische Struktur der DNA entspricht der einer spiralförmig gewundenen Leiter. Ihre Sprossen werden jeweils aus zwei verschiedenen Nukleotiden gebildet – eine Anordnung, die als Doppelhelix bekannt ist. Nukleotide sind kleine organische Verbindungen, die sich in einem Bestandteil, der Nukleinbase, unterscheiden. Derer gibt es fünf: Adenin, Guanin, Cytosin und Thymin beziehungsweise Uracil. Letzteres ist ein spezieller Bestandteil der Ribonukleinsäure oder RNA, der dort statt Thymin vorkommt.

Die Nukleotide können sich zunächst zu einer einfachen Kette verbinden, die einer halben Leiter ähnelt, deren Sprossen genau in der Mitte in zwei Hälften zertrennt wurde. Da Adenin mit Thymin und Cytosin mit Guanin zusammengeht, ist es möglich, dass sich zwei Einfachketten zu einer Doppelkette verbinden, wenn die Abfolge der Nukleotide spiegelbildlich passt. So entsteht die Doppelhelix. Die Reihung der vier Nukleotide A, G, C und T ist ein informationstragender Code. Fast jedes Lebewesen besitzt in jeder seiner Zellen eine oder mehrere DNA-Doppelketten-Moleküle, auf denen sein Bauplan gespeichert ist. Die in der Genetik überaus wichtigen Chromosomen bestehen aus platzsparend aufgewickelter DNA. In diesem Sinne ist Desoxyribonukleinsäure also nicht nur ein bloßer Informationsspeicher, sondern das zentrale Molekül des Lebens.

Doppelspaltexperiment

Ein Doppelspalt besteht aus zwei schmalen parallelen Öffnungen in einer ansonsten lichtundurchlässigen Wand. Trifft eine Lichtwelle, beispielsweise ein Laserstrahl, darauf, entsteht dahinter ein charakteristisches Hell-Dunkel-Muster. Diese sogenannte Interferenz rührt daher, dass sich die Teilwellen aus den Öffnungen überlagern. Das Phänomen ist typisch für Wellen: Schwingen sie gleichphasig, addieren sich ihre Amplituden; schwingen sie gegenphasig, löschen sie sich aus.

Für Teilchenstrahlen ist das undenkbar – und doch geschieht es. Führt man das gleiche Experiment mit Elektronen, Neutronen, Atomen oder sogar Nanopartikeln durch, erscheint ebenfalls ein Hell-Dunkel-Streifenmuster. Diese sogenannte Materie-Interferenz gehört zum Wellen-Teilchen-Dualismus der Quantenphysik. Teilchen können sich unter manchen Umständen wie Teilchen verhalten und unter anderen Umständen wie Wellen.

In einem typischen Doppelspaltexperiment erzeugt eine Quelle einen gleichförmigen Teilchenstrahl. Wichtig ist dabei, dass die Teilchen alle möglichst die gleiche Geschwindigkeit haben und nicht zu schwer sind. Je größer ihre Masse, desto kürzer ihre Wellenlänge, was den Nachweis erschwert. Dabei handelt es sich aber nicht um ein prinzipielles Problem, sondern lediglich um ein technisches bei der Messung. Die Teilchen passieren den Doppelspalt und treffen dahinter auf einen Detektorschirm, wo sie beim Aufprall kleine Lichtblitze erzeugen. Zunächst erscheinen diese zufällig verteilt. Mit der Zeit jedoch ergeben sie das bekannte Hell-Dunkel-Streifenmuster, selbst wenn das Experiment bei so niedriger Intensität durchgeführt wird, dass sich immer nur jeweils ein einziges Teilchen im Aufbau befindet. Offenbar fliegt jedes einzelne Teilchen als ausgedehnte Welle gleichzeitig durch beide Schlitze.

Sobald aber ein noch so vorsichtiger Versuch gemacht wird, festzustellen – oder präziser, sobald man prinzipiell wissen *könnte* –, durch welchen der beiden Spalte das Teilchen geflogen ist, verschwindet das Interferenzmuster. Dabei kommt es nicht darauf an, ob ein Mensch gerade hinschaut, sondern darauf, ob eine Wechselwirkung zwischen dem Teilchen und der Umgebung besteht. Nur bei einer Entkopplung tritt das merkwürdige Wellenverhalten zutage. Das vom Universum isolierte Teilchen nimmt dann eine ausgedehnte wellenartige Existenz an.

Das Phänomen, dass Quanteneffekte bei einer Ankopplung an den Rest des Universums verschwinden, heißt in der Physik »Dekohärenz«. Besonders eindrucksvoll lässt sich dies anhand von Doppelspaltexperimenten mit Nanopartikeln illustrieren. Werden sie vor dem Durchgang stark aufgeheizt, senden sie Wärmestrahlung aus. Dieser Vorgang ändert nichts an ihren quantenmechanischen Eigenschaften, sodass das gewohnte Interferenzmuster bestehen bleiben sollte – doch tatsächlich verschwindet es. Der Grund besteht darin, dass die Teilchen glühen und deshalb Photonen abgeben. Ihr Weg ließe sich daher etwa mit einer Infrarotkamera verfolgen und dabei feststellen, durch welchen der beiden Spalte sie geflogen sind. Doch sobald diese Information erlangt werden kann, verschwindet das Interferenzmuster.

Im quantenmechanischen Formalismus entspricht das Glühen der Teilchen einer Ortsmessung. Es ist dabei nicht notwendig, dass die ausgesandten Photonen von einem Detektor nachgewiesen werden und die Position der Lichtquelle wirklich bestimmt wird. Der Kollaps der Wellenfunktion, so wird dieses Verschwinden der Welleneigenschaften genannt, geschieht in dem Augenblick, in dem es im Prinzip möglich wäre, dem Weg der Teilchen zu folgen. Die Wechselwirkung mit der Umgebung durch die Wärmestrahlung lässt ihre geisterhaft nicht-lokale ausgedehnte Existenz zu einem Punkt zusammenschnurren. Jedes Teilchen wird dann zu einem Teilchen, das ordnungsgemäß, also im Sinne der klassischen Physik, als Kügelchen einer Bahn durch die Raumzeit folgt. Daher die hier gewählte Formulierung: Wenn dem Rest des Universums der Ort des Teilchens bekannt sein könnte, kommt es zum Kollaps der Wellenfunktion.

Man könnte meinen, eine wie auch immer geartete Messung störe den Weg des Teilchens und deshalb verschwinde das Interferenzmuster. Aber die Experimentatoren haben alles Erdenkliche versucht, um jede noch so kleine Störung der Flugbahn auszuschließen. Auch die allersanfteste Messmethode führt sofort zum Verschwinden des Interferenzmusters. Es scheint hier nicht um physikalische Wirkungen wie Kräfte oder andere Einflussnahmen zu gehen, sondern um die Übermittlung von Information. In dem Augenblick, in dem Information über den Zustand des Teilchens ausgetauscht wird, verschwinden die merkwürdigen Welleneigenschaften. In der Quantenphysik macht also Information einen Unterschied im Ablauf der Prozesse – selbst ohne die Beteiligung einer Intelligenz oder eines Bewusstseins.

Drei-Alpha-Prozess

Beim Drei-Alpha-Prozess werden drei Heliumatomkerne im Inneren von Sternen durch Kernfusionsreaktionen in Kohlenstoff umgewandelt. Dabei senden sie Gammastrahlung aus. Dieser Prozess wird auch als Heliumbrennen bezeichnet. Grundsätzlich ist im Inneren von Sonnen der Zusammenstoß von zwei Atomen weitaus wahrscheinlicher als der – gleichzeitige – Zusammenstoß von drei Atomen. Aber die Kollision von zwei Heliumkernen aus je vier Nukleonen führt zu einem Berylliumkern aus acht Nukleonen, der aufgrund seiner Instabilität sofort wieder zerfällt. Die einzige Möglichkeit, über Fusionsreaktion in Sternen wie der Sonne ausgehend von Helium schwerere Atomkerne wie Kohlenstoff zu synthetisieren, sind also sogenannte Dreierstöße.

Aufgrund ihrer relativen Seltenheit sollte es im Universum nur geringe Mengen an Kohlenstoff geben – das stimmt jedoch nicht. Als sich die Physik vor rund 100 Jahren darum bemühte, die Existenz der Vielzahl an chemischen Elementen zu erklären, stellte die geringe Wahrscheinlichkeit der Dreierstöße ein entscheidendes Problem dar. Es war zunächst unmöglich, die große Häufigkeit des Kohlenstoffs und aller anderen schweren Elemente zu erklären.

Schließlich wurde entdeckt, dass die geringe Wahrscheinlichkeit des Drei-Alpha-Prozesses durch eine quantenmechanische Resonanz drastisch erhöht wird. Beim Dreierstoß handelt es sich um einen sogenannten resonanten Prozess – der deshalb deutlich häufiger geschieht als zunächst angenommen. Solche Resonanzen müssen äußerst genau bei der passenden Energie liegen, um die Reaktion zu verstärken. Dies ist beim Drei-Alpha-Prozess fast perfekt der Fall. Ohne die richtige Lage der Resonanz wäre das Universum vermutlich steril.

Entropie
Die Entropie ist eine genau definierte physikalische Messgröße. Anschaulich kann sie als Maß für die Unordnung eines Systems angesehen werden. Unter den Begriff eines »Systems« fällt alles Mögliche, zum Beispiel ein Gas in einem Behälter, ein Felsbrocken, ein Artefakt etwa wie eine Uhr oder ein Lebewesen wie zum Beispiel ein Einzeller. Systeme können sich sowohl untereinander als auch je nach Zustand im Grad ihrer Ordnung unterscheiden: Der innere Aufbau eines Lebenswesens etwa muss hochgeordnet sein, sonst würde es sterben, während für ein Gas in einem Raum die Anordnung der Atome keine Rolle spielt. Presst man das Gas hingegen in eine Flasche, ist es deutlich geordneter als im Raum. Der Ordnungsgrad wird über die Wahrscheinlichkeit eines Zustandes definiert: Geordnete Zustände sind unwahr-

scheinlicher als ungeordnete Zustände. Ein Pasch, wo also alle Würfel die gleiche Zahl zeigen, ist unwahrscheinlich und weist daher einen hohen Ordnungsgrad auf, während ein Wurf, wo alle Würfel beliebige Zahlen zeigen, äußerst wahrscheinlich ist und daher einen niedrigen Ordnungsgrad aufweist.

In der Physik der Entropie wird zwischen Mikrozuständen und Makrozuständen unterschieden. Letztere definieren die wesentlichen Eigenschaften eines Systems, bei einem Gas zum Beispiel die chemische Zusammensetzung, das Volumen, die Temperatur und den Druck. Zur Beschreibung des Mikrozustands müssen dagegen die Positionen und Geschwindigkeiten jedes einzelnen Atoms zu einem bestimmten Zeitpunkt bekannt sein. In den meisten Fällen realisieren viele Mikrozustände den gleichen Makrozustand: Man denke an zwei Räume, die mit einer bestimmten Menge eines bestimmten Gases bei einer bestimmten Temperatur gefüllt sind. Sie müssen sich nicht exakt auf das herumschwirrende Atom gleichen, um in einem identischen Makrozustand zu sein..

Über die Zahl der Mikrozustände, die den gleichen Makrozustand ermöglichen, definieren wir Wahrscheinlichkeit: Beim Würfeln kann der Makrozustand »Pasch« nur durch wenige Mikrozustände, also alle Möglichkeiten der Würfel, die gleiche Zahl zu zeigen, realisiert werden. Deshalb ist er unwahrscheinlich. Demgegenüber kann der Makrozustand »beliebiger Wurf«, bei dem die Würfel unterschiedlichste Zahlen ohne jede Ordnung zeigen, durch sehr viele Mikrozustände realisiert werden. Deshalb ist er wahrscheinlich. Bei einem Organismus bestimmt die exakte innere Ordnung darüber, ob er lebt oder stirbt. Daher machen deutlich weniger Mikrozustände den Makrozustand »Lebewesen« als »tote Materie« aus.

Die Entropie wird über die Zahl der Mikrozustände, die zu einem Makrozustand gehören, definiert. Ein Makrozustand, der durch viele Mikrozustände realisiert werden kann, weist eine hohe Entropie, also einen hohen Grad an Unordnung auf. In einem abgeschlossenen, von der Umgebung isolierten System, in das nicht von außen eingegriffen wird und das keine Energie von außen erhält oder in die Umgebung abgibt, kann die Entropie nur konstant bleiben oder steigen. Dieses Naturgesetz wird Zweiter Hauptsatz der Thermodynamik (siehe Appendix) genannt und bildet die Grundlage zum Beispiel für die Berechnung der Wahrscheinlichkeit, dass Leben von allein entsteht.

Entstehung des Lebens

Nach gängiger Lehrmeinung der Naturwissenschaften hat sich das Leben auf der Erde von selbst entwickelt. Der Theorie der präbiotischen Evolution zufolge ist ein möglicher Ausgangspunkt eine wasserbasierte Ursuppe, in der die Grundbausteine des Lebens in der Form einfacher organischer Moleküle in hoher Konzentration vorhanden waren. Solche Verbindungen wurden auch schon in Meteoriten und Asteroiden gefunden; sie können aus anorganischen Ausgangsstoffen durch energiereiche Prozesse entstehen, etwa am Ende des Lebens eines Sterns oder in protoplanetaren Scheiben bei der Bildung eines Planetensystems. Die Annahme einer selbstständigen Entstehung des Lebens setzt voraus, dass es bereits in der unbelebten Natur Evolutionsprozesse geben kann.

Grundlage allen bekannten Lebens ist die Kopierfähigkeit der DNA. Sie besteht aus zwei komplementären Strängen, aufgebaut aus Ketten von Nukleotiden. Diese Bausteine unterscheiden sich in ihrer Base; in der DNA sind das Adenin, Guanin, Cytosin und Thymin. Für die Frühphase des Lebens wird jedoch häufig eine RNA-Welt (siehe Appendix) angenommen. RNA ist meist einzelsträngig und enthält statt Thymin die Base Uracil, folgt aber demselben Prinzip einer langen Kette aus vier unterschiedlichen Nukleotiden.

Das Besondere der Nukleinbasen ist, dass sie sich zu Paaren vereinigen: Adenin bindet an Thymin beziehungsweise Uracil, Guanin an Cytosin. Befindet sich ein RNA-Strang in einer Lösung mit frei verfügbaren Nukleotiden, können sich die passenden Bausteine an die Kettenglieder anlagern. So entsteht vorübergehend eine Doppelkette. Trennt sie sich wieder in zwei Einzelstränge, liegen zwei Kopien vor. Dieser Prozess verläuft nicht fehlerfrei; es kommt zu Abweichungen in der Sequenz. Doch gerade solche Variationen sind die Grundlage von Evolution.

Damit sich spontan Ordnung bildet, ist Energiezufuhr nötig. Ein mögliches Szenario sind flache Küstengewässer mit starken Temperaturzyklen: Tagsüber erwärmt die Sonne das Wasser, nachts kühlt es ab. Beim Abkühlen können sich Nukleotide zusammenziehen und dabei zu kurzen RNA-Strängen verbinden, die bei erneuter Erwärmung wieder zerfallen. Dieser ständige Auf- und Abbau erzeugt eine große Vielfalt unterschiedlicher Sequenzen. Selektion kommt dann ins Spiel, wenn bestimmte Sequenzen stabiler sind als andere. Manche RNA-Stränge falten sich aufgrund ihrer Basenabfolge zu kompakten Strukturen, beispielsweise einer Art Knäuel, die höheren Temperaturen besser standhalten. Mit der Zeit setzen sich diejenigen Varianten durch, die den täglichen Bedingungen besser widerstehen. Kommt es während der Abkühlungsphase zusätzlich zur vorübergehenden Bildung von Doppelsträngen wie oben beschrieben, könnten stabile Sequenzen häufiger kopiert werden. Das wäre ein erster Schritt in Richtung Vermehrung.

Noch interessanter wird es, wenn sich die Stränge verlängern und komplexere Funktionen wie bei den modernen Ribosomen übernehmen. Das Leben könnte dadurch »gezündet« haben, dass irgendwann eine Kette entstand, die aufgrund ihrer besonderen dreidimensionalen Struktur in der Lage war, mit umherwandernden einzelnen Nukleinsäuren im Ur-Schleim eine Kopie von sich selbst zu erzeugen – oder zumindest andere chemische Reaktionen so zu beeinflussen, dass bevorzugt Kopien von sich selbst gebildet wurden. Das ist ein Beispiel von Mutationen und Selektion in einem unbelebten System von RNA-Kettenmolekülen in einer wässrigen Lösung.

Funktionale Information

Der Gehalt an Funktionaler Information entspricht der Informationsmenge gemessen in Bits, um den Bauplan eines »funktionierenden« Systems zu erstellen. Dieser soll die wesentlichen Eigenschaften erfassen, die notwendig sind, damit das System seine Rolle in der Wirklichkeit erfüllen kann. Im Fall eines Felsbrockens genügt dafür die Zusammensetzung, das Gewicht und die äußere Form, die Position jedes einzelnen Atoms ist dagegen nicht nötig. In der Sprache der Entropie meinen wir damit den Makrozustand. Die drei Größen Funktionale Information, Komplexität und Entropie beschreiben das Gleiche auf unterschiedliche Weise: Eine hohe Entropie ist gleichbedeutend mit einer niedrigen Komplexität und einem niedrigen Gehalt an Funktionaler Information.

Am Beispiel der RNA-Ketten lässt sich der Begriff der Funktionalen Information erläutern. Die Biopolymere sind aus vier Nukleotiden mit den Basen Adenin, Guanin, Cytosin und Uracil aufgebaut. Damit ähneln RNA-Ketten gedruckten Wörtern, mit dem Unterschied, dass sie nur aus vier Buchstaben bestehen. Deren Abfolge legt fest, ob die RNA-Kette eine bestimmte biologische Funktion ausüben kann oder nicht.

In diesem Zusammenhang ergibt sich die Funktionale Information aus der Wahrscheinlichkeit, dass eine zufällig gebildete Sequenz ein Molekül mit der gewünschten Eigenschaft kodiert. Kann lediglich eine bestimmte Abfolge diese Funktion leisten, hängt die Wahrscheinlichkeit, dass sie zufällig entsteht, allein von der Kettenlänge ab. Besteht sie aus nur einem Nukleotid, beträgt die Chance ein Viertel, da vier verschiedene Bausteine existieren. Die Auswahl des richtigen Elements aus diesen vier Möglichkeiten erfordert zwei Bits an Information. Damit lässt sich gerade bis vier zählen. Bei einer Doppelkette der gleichen Länge existieren schon 16 Varianten, die vier Nukleotide zu kombinieren. Kodiert nur eine dieser Zweierfolgen die angestrebte Funktion, liegt die Wahrscheinlichkeit folglich bei 1/16, was einer Informationsmenge von vier Bit entspricht.

In der Realität können derartig kurze Ketten keine Funktion ausüben. Die typische Länge eines RNA-Strangs, der eine bestimmte Funktion ausübt, liegt bei etwa 100 Nukleotiden. In einer solchen Kette gibt es rund 100 Millionen Möglichkeiten, die einzelnen Bausteine anzuordnen. Zu ihrer exakten Spezifizierung ist eine Informationsmenge von mindestens 27 Bit notwendig. Wir sagen dann, dass diese Kette mit ihrer speziellen Funktion einen Gehalt von 27 Bit an Funktionaler Information aufweist. Das gilt jedoch nur, solange sie in gewisser Hinsicht einzigartig ist: Denn wenn für die Ausführung der angestrebten Funktion nicht eine, sondern mehrere verschiedene Sequenzen aus 100 Nukleotiden geeignet sind, sinkt der Gehalt an Funktionaler Information für jede von ihnen ab.

Hawking-Strahlung

Aus Sicht der Relativitätstheorie sind Schwarze Löcher perfekt schwarz. In ihrem Inneren vergeht von außen gesehen keine Zeit. Folglich geschieht in Schwarzen Löchern »nichts« – und wenn »nichts« geschieht, kann auch nichts aus ihnen entkommen. Dennoch geben sie möglicherweise eine Art Wärmestrahlung ab. Die vermutete Ursache liegt in einem quantenmechanischen Prozess unmittelbar am Ereignishorizont, also der »Oberfläche« eines Schwarzen Lochs; der Schwelle, an der die Zeit gerade noch nicht ganz stehen geblieben ist, aber extrem langsam läuft. Stephen Hawking hat dort die Existenz einer thermischen Strahlung mit einer äußerst geringen Temperatur vorhergesagt.

Der vorgeschlagene Mechanismus basiert auf den Vakuumfluktuationen der Raumzeit. Dabei handelt es sich um ein Phänomen der Quantenphysik: Innerhalb der Zeit-Energie-Unschärferelation entstehen im leeren Raum ständig Teilchen-Antiteilchen-Paare, die jedoch gleich wieder verschwinden, weil sie sich gegenseitig aufheben. Hauptsächlich handelt es sich dabei um Photonen. Wenn ein solches Paar nahe der Oberfläche eines Schwarzen Lochs entsteht, kann es passieren, dass eines der beiden Teilchen in Richtung des Schwarzen Lochs fliegt und das andere in die entgegengesetzte Richtung. Sobald aber etwas den Ereignishorizont überquert, geht es für unser Universum verloren. Übrig bleibt das andere Teilchen, das nun mangels eines Anti-Partners gezwungen ist, eine reale Existenz anzunehmen, und ins Weltall entkommt. In Konsequenz geben Schwarze Löcher eine schwache Strahlung – die Hawking-Strahlung – ab. Allerdings handelt es sich bei ihr bislang nur um eine Vorhersage. Eine experimentelle Bestätigung steht noch aus.

Hauptsätze der Thermodynamik

Die Hauptsätze der Thermodynamik umfassen vier fundamentale Naturgesetze, die Energie, Wärme und Entropie in Systemen beschreiben. Der Nullte Hauptsatz definiert die Messgröße Temperatur über das thermische Gleichgewicht. Der Erste Hauptsatz ist gleichbedeutend mit der Energieerhaltung, einem Naturgesetz, das in allen Bereichen der Natur gilt, und dem zufolge Energie weder erzeugt noch vernichtet werden kann. Der Zweite Hauptsatz besagt, dass die Entropie in isolierten Systemen nie abnimmt, sondern immer nur steigt. Im Buch wird er der Einfachheit halber meist »Naturgesetz vom ewigen Anstieg der Entropie«

oder ähnlich genannt. Dem Dritten Hauptsatz zufolge ist es, vereinfacht gesprochen, unmöglich, den absoluten Nullpunkt – also eine Temperatur von null Kelvin oder -273,15 Grad Celsius – zu erreichen.

Komplexität

Wenn wir sagen, dass ein Problem, ein Projekte oder ein Konflikt komplex ist, meinen wir damit, dass dabei viele Faktoren berücksichtigt werden müssen, die sich in schwer vorhersehbarer Weise gegenseitig beeinflussen. In diesem Sinn sind auch das Verhalten von Menschen, die Änderungen des Wetters oder die Vorgänge in einem Biotop komplex.

Die Komplexität gilt es von der Kompliziertheit zu unterscheiden. Ein kompliziertes System wie eine Uhr besteht zwar aus vielen Teilen, ist aber vorhersagbar, folgt linearen Regeln und daher etwas einfacher zu verstehen als ein komplexes System. Dieser feine Unterschied spielt im vorliegenden Buch keine Rolle, deshalb steht er hier.

Im Sinne der Informationstheorie wird Komplexität – genauer, die Kolmogorow-Komplexität – als die Länge der kürzesten möglichen Beschreibung oder des kürzesten möglichen Computerprogramms verstanden, die zur Reproduktion eines Objekts erforderlich ist. Mit dieser Definition wird die ansonsten schwer fassbare Größe quantifizierbar: Komplexität bedeutet einen hohen Gehalt ein Funktionaler Information.

Megaversum

Beim Megaversum handelt es sich um ein Konzept des Physikers Leonard Susskind, dem zufolge unser Universum nur eine lokale Insel in einer unendlich viel größeren Struktur, dem Megaversum, ist. In anderen Bereichen gelten abweichende Naturgesetze und Naturkonstanten; doch die meisten von ihnen sind vermutlich steril. Unser Universum ist demnach eine Art kosmisches Biotop mit besonders günstigen Bedingungen für die Entstehung von Leben.

Das Konzept des Megaversums ergibt sich aus der Stringtheorie, die eine enorme Vielfalt unterschiedlicher Naturgesetze und Naturkonstanten vorhersagt. Die Wissenschaft sucht in den Randbereichen des uns zugänglichen Raums nach Abweichungen, die uns Hinweise darauf liefern könnten, dass sich in großen Entfernungen tatsächlich die Physik ändert. Bisher liegen dafür noch keine belastbaren Belege vor. Susskinds Idee würde die offene Frage nach der Maßschneiderung unseres Universums beantworten. Ähnlich wie es bewohnbare und unbewohnbare Planeten gibt, gäbe es dann bewohnbare und unbewohnbare Bereiche eines gigantischen und vielfältigen Megaversums.

Multiversen

Eine Theorie zur Erklärung der Maßschneiderung postuliert, dass nicht nur eines, sondern mehrere, möglicherweise sogar unendlich viele Universen existieren; alle mit jeweils eigenen Naturgesetzen und Naturkonstanten. Jedes Universum wäre in einem eigenen Urknall entstanden und würde sich seitdem unabhängig von den anderen entwickeln. Nur in denjenigen mit günstigen Bedingungen könnte Leben entstehen. Die Vorstellung der parallelen Existenz von sehr oder sogar unendlich vielen Universen liefert eine Erklärung für die Feinjustierung, die wir beobachten, da die Wahrscheinlichkeit, dass eines von ihnen Leben beherbergen kann, mit der Zahl der Alternativen drastisch steigt. Man geht davon aus, dass die Paralleluniversen in einem übergeordneten, möglicherweise höherdimensionalen Raum-Zeit-Kontinuum koexistieren. Bisher ist diese Idee aber reine Spekulation.

Noether-Theorem

Das Noether-Theorem ist ein Lehrsatz, der 1918 von der Mathematikerin Emmy Noether formuliert wurde, und unter anderem eine Erklärung für die drei wichtigsten Naturgesetze der Physik liefert: die Erhaltungssätze der Energie, des Impulses und des Drehimpulses. Diese drei physikalischen Größen sind für abgeschlossene Systeme, also solche, die nicht mit der Umgebung in Kontakt stehen, zeitlich konstant. Zum Beispiel ist die Drehimpulserhaltung dafür verantwortlich, dass sich die Erde seit Jahrmilliarden auf einer stabilen Bahn um die Sonne dreht. Noether hat mit ihrem Theorem eine Antwort auf die Frage gefunden, warum diese Größen zeitlich konstant sind, indem sie die drei damit zusammenhängenden Naturgesetze auf Symmetrien der Raumzeit zurückführt.

Danach ist die Energie eine Erhaltungsgröße aufgrund der Homogenität der Zeit. Das beutet, dass seit dem Urknall jeder Zeitpunkt gleichberechtigt neben dem anderen steht. Keiner von ihnen „sticht hervor". Die Ergebnisse physikalischer Experimente sind die gleichen, egal zu welchem Zeitpunkt sie durchgeführt werden. Auch die Impulserhaltung wird über eine Homogenität begründet, nämlich die des Raums. Egal, wo wir Experimente durchführen, bekommen wir die gleichen Resultate. Dabei muss man natürlich von externen Faktoren wie Temperatur und Druck abstrahieren. Schließlich ist die Drehimpulserhaltung eine Folge der Isotropie des Raums. Alle Raumrichtungen sich gleichberechtigt. Wie ein Experiment oder ein Vorgang im Raum orientiert ist, spielt demnach für die Ergebnisse keine Rolle. Der tatsächliche Beweis für den Zusammenhang zwischen den Symmetrieeigenschaften der Raumzeit und den drei genannten Erhaltungssätzen ist mathematisch-formaler Natur und wird daher nicht näher dargelegt. Das Noether-Theorem gilt in ähnlicher Weise für andere Erhaltungsgrößen wie zum Beispiel die elektrische Ladung.

No-hair-Theorem

Dieser Lehrsatz besagt, dass sich Schwarze Löcher nur durch drei Parameter unterscheiden: Masse, Drehimpuls und elektrische Ladung. Daraus lassen sich noch einige weitere Eigenschaften wie ihre Form, ihr Durchmesser oder ihr magnetisches Feld errechnen. Alles, was jedoch darüber hinausgeht, wie zum Beispiel die Materie, aus denen sie entstanden sind, „verschwindet" hinter dem Ereignishorizont und ist daher für externe Beobachter dauerhaft unzugänglich. Schwarze Löcher aus Eisen oder Blei unterscheiden sich also nicht. Der Physiker John Archibald Wheeler hat diese besondere Eigenart mit dem Satz „Schwarze Löcher haben keine Haare" zum Ausdruck gebracht.

No-Hiding-Theorem

Dem „Kein-Verbergen-Theorem" zufolge geht Quanteninformation nie vollständig verloren. Ein Quantenbit kann nicht gelöscht werden. Es ist jedoch möglich, dass sich die Quanteninformation über einen Prozess namens Dekohärenz in der Umgebung verteilt. Sie bleibt dann im erweiterten Raum bestehend aus System plus Umgebung erhalten und lässt sich theoretisch durch geeignete Operationen wiederherstellen.

Dieser Erhaltungssatz der Quanteninformation folgt aus den Symmetrieeigenschaften, speziell der Linearität und Unitariät, der Naturgesetze der Quantenmechanik. Information geht also auf der Quantenebene niemals verloren. Da aber die makroskopische Welt, in der wir leben, auf der Welt der Atome und Moleküle basiert, liegt der Schluss nahe, dass dieser Erhaltungssatz auch für die uns geläufige Information gilt. Das mag der Intuition widersprechen, doch beim Naturgesetz der Energieerhaltung ist es ähnlich: Nach unserer makroskopischen Wahrnehmung wird Energie verbraucht, in Wirklichkeit wird sie aber nur umgewandelt und über die Umgebung dissipiert.

Im Jahr 2011 wurde das No-Hiding-Theorem experimentell mit Kernspinresonanzgeräten getestet, bei denen ein einzelnes Quantenbit einer vollständigen Randomisierung unterlag. Anschließend konnte die verlorene Information wiederhergestellt werden. Dieses Experiment demonstrierte eindrucksvoll die Gültigkeit des No-Hiding-Theorems und zeigte, dass scheinbar verlorene Quanteninformation vollständig in der Umgebung wiederzufinden ist.

Nukleosynthese

Als Nukleosynthese oder Elementsynthese wird die Entstehung der chemischen Elemente bezeichnet. Unmittelbar nach dem Urknall gab es große Mengen freier Protonen und Neutronen. Das Universum expandierte rasch und kühlte dabei ab. Ein guter Teil der Protonen aus dieser frühen Phase existiert heute noch; deshalb ist Wasserstoff, dessen Kern aus einem Proton besteht, das häufigste Element im Universum. Je zwei Neutronen verschmolzen in den ersten Minuten nach dem Urknall in Fusionsreaktionen mit zwei Protonen und bildeten dabei einen Atomkern des besonders stabilen Helium-4, des zweithäufigsten Elements im Universum.

Diese allererste Entstehung der leichten Elemente im frühen Universum nennt man primordiale Nukleosynthese. Am Ende des Prozesses, der bereits fünf Minuten nach dem Urknall abgeschlossen war, bestand das Universum zu etwa 75 Prozent aus Wasserstoff und etwa 25 Prozent aus Helium-4. Daneben entstanden noch geringe Mengen an Lithium und Beryllium. Die Häufigkeit der bei der primordialen Nukleosynthese gebildeten Elemente lassen sich auf der Grundlage des Standardmodells der Kosmologie genau berechnen. Dabei stimmen die ermittelten Verhältnisse ausgezeichnet mit der tatsächlich beobachteten Häufigkeit der Elemente im frühen Universum – also in großen

Entfernungen – überein. Diese Kongruenz zwischen theoretischer Voraussage und empirischer Beobachtung ist eine wesentliche Stütze des Standardmodells der Kosmologie.

Nun gibt es aber nicht nur Wasserstoff, Helium, Lithium und Beryllium in unserem Universum. Alle schwereren chemischen Elemente bis hin zum Eisen sind das Ergebnis von Fusionsreaktionen im Innern von Sternen wie unserer Sonne und damit deutlich jünger als die vier genannten. Um jedoch noch weiterzugehen, bis zum Blei und Uran, bedarf es enorm großer Mengen an Energie. Diese Elemente sind erst in den energiereichen Endphasen der Existenz massereicher Sterne entstanden, wie zum Beispiel in Supernovae. Mit dem Begriff der Nukleosynthese bezeichnen wir alle drei Typen von Prozessen: die Entstehung der leichten Elemente in der Frühphase des Universums, die der mittelschweren Elemente in Sonnen und die der schweren Elemente in explodierenden Sternen.

Quantenteleportation

In einem Experiment zur Quantenverschränkung werden zunächst zwei Teilchen in einem gemeinsamen quantenmechanischen Zustand erzeugt. Anschließend bewegen sie sich in entgegengesetzte Richtungen voneinander weg. Trotz der räumlichen Trennung bleiben sie durch diesen gemeinsamen Zustand miteinander verbunden: Sie sind verschränkt. Meist verwendet man dafür zwei Photonen oder zwei Elektronen. Diese Teilchen haben einen inneren Drehimpuls, den sogenannten Spin; das heißt, sie drehen sich um sich selbst. Zu Beginn des Experiments werden sie so präpariert, dass der Gesamtspin null ist, sie sich also in exakt entgegengesetzte Richtungen drehen. Das Wissen über diese Korrelation macht die Verschränkung aus. Wichtig ist dabei jedoch, dass man vor einer Messung bei keinem der beiden Teilchen weiß, in welche Richtung seine Drehachse zeigt; oder genauer gesprochen: entlang welcher Drehachse der Spin einen bestimmten Wert annimmt. In quantenmechanischer Beschreibung befinden sich die Teilchen in einer Überlagerung möglicher Zustände, ähnlich wie im Doppelspaltexperiment (siehe Appendix). Die Richtung ihrer Drehachsen ist unscharf.

Jedes der beiden Teilchen befindet sich nach dem Auseinanderfliegen für sich genommen in einem unpolarisierten Zustand. Nach einer gewissen Distanz, die durchaus hunderte von Kilometern und vermutlich auch Lichtjahre betragen kann, misst man bei einem von ihnen die Richtung der Drehachse mit einem geeigneten Gerät. In der Quantenphysik bedeutet eine Messung, dass ein unscharfer Zustand schlagartig scharfgestellt wird. Dabei ändert sich der Zustand des Teilchens schlagartig von »unpolarisiert« in »polarisiert«. Nun geschieht etwas Erstaunliches: Das andere Teilchen wechselt – unabhängig von der Entfernung – ebenfalls seinen Zustand von »unpolarisiert« in »polarisiert« und die Richtung seiner Drehachse wird schlagartig scharf. In verschiedenen Experimenten wurde versucht, die Zeit zu messen, die zwischen der Messung an dem ersten Teilchen und dem Scharfstellen der Drehachse des zweiten Teilchens vergeht. Das Ergebnis: Sie ist praktisch null. Die Korrelation lässt sich nicht durch ein Signal mit endlicher Geschwindigkeit erklären und geschieht vermutlich zeitlos. Was dabei genau abläuft, wissen wir nicht. Albert Einstein hielt das Phänomen vor dem experimentellen Nachweis für eine falsche Vorhersage der Quantenphysik und bezeichnete sie als »spukhafte Fernwirkung«. Heute wissen wir, dass sie tatsächlich existiert. Wichtig ist allerdings, dass diese Kopplung, obwohl sie zeitlos große Distanzen überbrückt, nicht gegen die Relativitätstheorie verstößt, da weder Masse noch Energie noch nutzbare Information übertragen wird.

Die eigentliche Quantenteleportation geht einen Schritt weiter: Dabei wird der vollständige Quantenzustand eines Teilchens mithilfe eines verschränkten Paares und zusätzlicher klassischer Information auf ein anderes, entferntes Teilchen übertragen. Auch hier bleibt die Relativitätstheorie gewahrt, weil die notwendige Zusatzinformation nur mit Lichtgeschwindigkeit weitergegeben werden kann.

RNA

Bei der Ribonukleinsäure, kurz RNA, handelt es sich um ein einzelsträngiges Biopolymer, das wie die DNA aus einer Kette von Nukleotiden besteht. Ihre Moleküle sind jedoch meist kürzer. Außerdem unterscheiden sie sich hinsichtlich ihrer Basen: Statt Thymin findet sich in der Ribonukleinsäure Uracil. Während die DNA der Hauptspeicher der Erbinformation in jeder Zelle ist, stellt die RNA eher eine Art Kurznachricht dar, die Information vom Hauptspeicher an die verschiedenen Arbeitsbereiche in einer Zelle transportiert. Beispielsweise wird bei der Synthese eines neu benötigten Proteins in einer menschlichen Zelle der Bauplan des Proteins von dem entsprechenden Gen auf der DNA auf eine sogenannte Messenger-RNA, die mRNA, übertragen. Dieses viel kürzere Molekül kann nun den Zellkern durch entsprechende Öffnungen in der umgebenden Membran verlassen. Im Arbeitsbereich der Zelle liest daraufhin ein Ribosom die Information auf der mRNA aus und synthetisiert das benötigte Protein. Das ist jedoch nur eine Kurzdarstellung; der tatsächliche Prozess fällt erheblich komplizierter aus. Es gibt neben der mRNA noch weitere Arten von RNA-Molekülen, die verschiedenste Aufgaben in einer Zelle übernehmen.

RNA-Welt

Dieser Ausdruck bezeichnet eine hypothetische Phase in der frühen Evolutionsgeschichte auf der Erde, in der die RNA sowohl Träger genetischer Information als auch ein funktionelles Molekül war. In den Organismen, die wir heute beobachten können, gibt es eine klare Arbeitsteilung: DNA und RNA regeln die Speicherung und Übertragung von Information, während Proteine nahezu alle lebenswichtigen Prozesse übernehmen. Doch bevor diese Verhältnisse im Laufe der Evolution entstanden sind, könnte selbstreplizierende RNA die zentrale Rolle bei der Entstehung des Lebens gespielt und die Funktion der Proteine, die es noch nicht gab, übernommen haben. Heute ist bekannt, dass RNA-Moleküle tatsächlich die Fähigkeit aufweisen, chemische Reaktionen zu katalysieren, was die Hypothese untermauert. Auch weisen zahlreiche moderne Coenzyme mit grundlegenden Funktionen im zellulären Leben eine bemerkenswerte strukturelle Ähnlichkeit mit RNA auf und könnten daher Überreste aus einer frühen RNA-Welt sein. Einer der wichtigsten Zellbausteine, das Ribosom, besteht sogar hauptsächlich aus RNA. Die Hypothese ist heute das favorisierte Paradigma der präbiotischen Evolution. Für sie liegen zwar Indizien, aber noch keine Beweise vor.

Sollte es, wie die Theorie behauptet, frühe selbstreplizierende RNA-Kettenmoleküle gegeben haben, bleibt noch die Frage offen, wie sie entstanden sein können. RNA-Stränge mit der Fähigkeit, sich oder andere RNA-Stränge zu kopieren, müssen eine gewisse Mindestlänge aufweisen. Die Zahl der Kettenglieder bestimmt nämlich, wie viel Information maximal gespeichert werden und wie komplex die Aufgaben sein können, die die RNA zu übernehmen in der Lage ist. Schätzungen gehen davon aus, dass ein solches Molekül, um sich selbst zu replizieren, mindestens zwischen 50 und 100 Nukleotide lang sein muss. Das Funktionieren der RNA hängt außerdem davon ab, dass die Nukleotide in der richtigen Reihenfolge angeordnet sind. Die Wahrscheinlichkeit dafür, dass sich ein Biopolymer von genau der richtigen Länge und mit genau der richtigen Anordnung von Kettengliedern zufällig aus einer Ursuppe von frei herumschwimmenden Nukleotiden bildet, scheint zunächst verschwindend gering. Nimmt man jedoch an, dass es auch in der unbelebten Natur evolutionäre Prozesse hin zu höherer Komplexität gibt, wird die Entwicklung von Leben deutlich wahrscheinlicher.

Anmerkungen

1 https://de.wikipedia.org/wiki/Drei-Alpha-Prozess#/media/Datei:Triple-Alpha_Process.svg (zuletzt abgerufen: 15.01.2026).
2 https://www.nasa.gov/news-release/nasa-says-mars-rover-discovered-potential-biosignature-last-year/ (zuletzt abgerufen: 15.01.2026).
3 https://science.nasa.gov/saturn/moons/enceladus/ (zuletzt abgerufen: 15.01.2026).
4 https://science.nasa.gov/solar-system/asteroids/101955-bennu/ (zuletzt abgerufen: 15.01.2026).
5 Madhusudhan et al. (2025): »New Constraints on DMS and DMDS in the Atmosphere of K2-18 b from JWST MIRI«, arXiv:2504.12267.
6 Sandberg et al. (2018): »Dissolving the Fermi Paradox«, arXiv:1806.02404.
7 Wong et al. (2023): »On the roles of function and selection in evolving systems«, *PNAS* 120 (43), https://doi.org/10.1073/pnas.2310223120.
8 https://commons.wikimedia.org/w/index.php?curid=1625737 (zuletzt abgerufen: 15.01.2026).